HISTOIRE

NATURELLE

DANS

SES APPLICATIONS GÉOGRAPHIQUES,

HISTORIQUES ET INDUSTRIELLES.

Ouvrages du même auteur :

GÉOGRAPHIE ÉLÉMENTAIRE
(3e édition).

Sous presse :

HISTOIRE NATURELLE DES ANIMAUX SUPÉRIEURS
(2e édition).

GÉOGRAPHIE GÉNÉRALE
(2e édition).

NOUVELLE GÉOGRAPHIE DE LA FRANCE
ou
TEXTE DÉVELOPPÉ DE LA CARTE DE FRANCE
Recommandée par l'Université.
(3e édition).

Pour paraître incessamment :

HARMONIES DE LA NATURE
L'auteur n'écrit ce livre de haute lecture qu'avec une sage lenteur, afin de le rendre moins indigne de son titre.

Bayonne, imprimerie de veuve Lamaignère, rue Chegaray, 39.

HISTOIRE

NATURELLE

DANS SES

APPLICATIONS GÉOGRAPHIQUES,

HISTORIQUES ET INDUSTRIELLES,

Ouvrage deux fois honoré du suffrage universitaire

PAR

PAULIN TEULIÈRES,

Professeur de Sciences naturelles.

TROISIÈME ÉDITION.

PARIS,

PAUL DUPONT, | LOUIS COLAS,
Rue de Grenelle St-Honoré, 45. | Rue Dauphine, 32.

1865.

PRÉFACE

ADRESSÉE AUX JEUNES PERSONNES

L'histoire naturelle offre seule peut-être une étude si noble à la fois et si pleine de charme que, sérieuse ou légère, toute pensée s'y trouve satisfaite : pensées religieuse, philosophique, industrielle, artistique, littéraire. Seule aussi de toutes les sciences, elle a le double privilége de descendre sans peine à la portée du jeune âge, et puis de s'élever et de s'étendre au gré de l'intelligence, ne connaissant en effet d'autres limites que celles de l'imagination. Comment donc lui refuser aujourd'hui dans l'enseignement le rang qu'elle tient parmi les connaissances humaines, où ses points de contact sont si nombreux et son point d'appui si nécessaire? Et s'il est vrai surtout que, dans les jeunes personnes, l'instruction elle-même, sans cesser d'être positive, doive cependant se montrer plus ornée, est-il pour elles une science qui se pare de faits plus solennels, plus divers, plus attrayants, plus utiles?

Sans doute, il faut savoir choisir au milieu de tant de

richesses; il faut savoir simultanément se défendre et de cette prétention scientifique qui, s'attachant aux moindres détails, n'abandonne une idée qu'après l'avoir épuisée, comme aussi de cette curiosité vaine qui, papillonnant sur toutes choses, ne se donne le temps d'en pénétrer aucune. Averti par la spécialité même de notre ouvrage, nous ne demanderons à l'histoire naturelle que des notions simples, usuelles, mais indispensables pour analyser ce qui nous entoure et mettre ainsi de l'ordre dans notre admiration. Nous apprécierons mieux alors tout ce qui nous touche et tout ce qui nous sert. Alors ce sable, qui peut-être nous paraît si vil, obtiendra de nous plus d'estime, car c'est lui qui tour à tour se transforme en verre, en vitre, en glace, en cristal. Or, sans glaces et sans vitres, que seraient nos demeures? Et pour porter la question d'un extrême à l'autre, sans le verre que serait l'astronomie? Alors aussi ce fer, qui lui-même en présence de l'or ne rencontre souvent qu'un regard distrait ou dédaigneux, sera pour nous le véritable roi des métaux; car sans lui point d'agriculture, point d'industrie, point de civilisation.

Que d'idées à remettre ainsi à leur place! que de faits ainsi méconnus ou incompris! Que d'énigmes pour nous dans les plus petits phénomènes domestiques! Que de vérités à peine entrevues et de pensées qui nous échappent, non-seulement dans les œuvres d'art ou de science, mais encore dans nos lectures les plus familières? Et si nos convictions ici ne nous trompent pas, combien de jeunes personnes, par exemple, quittent le pensionnat toutes radieuses d'une instruction qu'elles croient accomplie; mais bientôt, précipitées de leurs illusions, sentent comme un vide immense dans leur vie de famille et de société, ignorant tout, depuis le lin qui les couvre ou le froment qui les nourrit, jusqu'à l'écaille qui maintient leur chevelure ou la perle qui rayonne à leur front.

Et puis, où donc la pensée humaine pourrait-elle trouver un attrait plus élevé, un plus digne délassement que dans cette science aimable qui raconte si bien la grandeur, la puissance et la sagesse de Dieu? Car, sous ce dôme de saphir que fait l'air bleu sur nos têtes, est-il un brin d'herbe qui ne soit pour nous un enseignement? Est-il un vermisseau qui n'appelle nos méditations et qui ne les retienne par ce charme du vrai, du simple et du beau que la nature seule peut offrir? Promenez par tout le globe un regard analytique, et cherchez s'il y a place quelque part pour l'indifférence, depuis ces plaines fertiles où le zéphir s'égaie parmi les fleurs, jusqu'à ces roches granitiques ou l'aquilon se brise et se plaint; depuis l'humble lichen, qui sous sa feuille satinée recueille tant d'insectes divers, jusqu'au gigantesque mahogoni, cité aérienne qu'habitent ensemble le sapajou si agile et l'ara si fier de sa beauté; depuis l'agneau timide qui a dans la voix une prière, jusqu'au tigre farouche qui porte une menace dans le regard; depuis le morse aux crochets d'ivoire, jusqu'à l'ablette aux écailles d'argent; depuis le papillon, élégant roi de l'air, qui agite sur ses ailes de gaze toutes les couleurs de l'arc-en-ciel, jusqu'au condor, oiseau immense, qui plane au-dessus des neiges éternelles avec ses plumes de velours et son collier d'hermine. Cherchez, et dites si la grandeur manque jamais aux plus petites choses, si toutes n'ont pas ce caractère de perfection qui atteste leur commune origine. Et il en devait être ainsi, car le Créateur ne pouvait refuser à aucune de ses œuvres le cachet de sa toute-puissance.

Mais la terre n'est pas seulement pour nous un magnifique spectacle; c'est un domaine offert à l'industrie, cette fille de l'homme, qui semble continuer encore l'œuvre sublime de la création, en donnant à la matière des formes si variées, si gracieuses, si nouvelles. Voyez, à cet effet, quelle puissance lui a été confiée. Sous sa main, les sables stériles cèdent la place à de riches moissons, des villes somptueuses s'élèvent sur le sol raffermi des marais, les montagnes s'entr'ouvrent et les forêts tombent pour prêter passage à des routes et à des canaux. Sous sa main, l'acier devient docile comme la cire, le granit se découpe en fine dentelle, l'argile se change en porcelaine laiteuse et le sable en limpide cristal. Sous sa main, une machine inerte fonctionne avec intelligence ; l'air, malgré ses caprices, travaille avec méthode, et la vapeur, s'animant d'une force miraculeuse, supprime à la fois la pesanteur, l'espace et le temps. Sous sa main, la lumière dessine, artiste habile, avec une précision mathématique ; et l'électricité, messagère incomparable, transporte les dépêches avec toute la vitesse, pour ainsi dire, de la pensée. Et toutefois pour que l'homme, dans son humeur vaniteuse, ne puisse oublier qu'il n'est par lui-même qu'un être inhabile et faible ; pour qu'il sache bien que, dans tous ces prodiges, il n'y a rien cependant qui lui soit propre, Dieu lui donne souvent un précepteur dans un insecte.

Nous aurons donc à suivre l'industrie humaine dans toutes les transformations qu'elle est chargée d'accomplir. Mais notre première étude ira surtout à cette industrie domestique qui nous vêt, nous loge, nous nourrit ; qui chaque jour, dans nos demeures, inquiète et prévoyante, met les richesses de la nature au service de nos besoins ou de nos désirs. En l'accompagnant ainsi dans ses applications les plus modestes, nous nous sauverons du moins de cette ignorance ingrate et honteuse que signalent Réaumur et Rollin. Les paroles de Réaumur sont sévères ; dans celles de Rollin, que nous devons citer, le reproche n'en est pas moins direct, quoique caché sous une expression douce et paternelle :

« Rien n'est plus commun parmi nous que l'usage
« du pain et du linge ; rien n'est plus rare que
« de trouver des *enfants* qui savent comment l'un et
« l'autre se préparent, par combien de façons et de
« mains le blé et le chanvre doivent passer avant de
« devenir du pain et du linge. Il en faut dire autant
« des étoffes de laine qui ne ressemblent guère à la
« toison des brebis dont on les forme ; non plus que le
« papier à ces chiffons de linge qu'on ramasse dans les
« rues. Pourquoi ne pas instruire les enfants de ces
« ouvrages merveilleux de la nature et de l'art, dont
« ils font usage tous les jours sans y faire réflexion ? »

Pénétré de ces considérations, M. le Préfet de la Seine, dans sa sollicitude pour l'instruction progressive des jeunes personnes, a bien voulu nous confier, avec l'assentiment de M. le Ministre de l'instruction publique, un cours de connaissances usuelles, dont cet ouvrage n'est, en quelque sorte, que le résumé. Ce cours, malgré notre insuffisance personnelle, a porté ses fruits. Les sympathies notables que, de lui-même, il s'est conciliées, fortifient de plus en plus une de nos plus vieilles espérances, une de nos plus chères convictions. Nous croyons, en effet, que ces connaissances usuelles ne peuvent manquer d'avoir, dans le programme classique des jeunes personnes, une place choisie ;

car il n'est pas une étude qui doive plus agréablement varier toutes les autres; il n'en est pas une qui puisse plus facilement, plus dignement satisfaire à la fois et l'ardente curiosité du jeune âge et la pensée plus sérieuse de l'adolescence. Et il doit bien y avoir aussi quelque utilité littéraire dans une science qui a produit et Linnée et Buffon : Linnée se créant pour l'écrire une langue nouvelle; Buffon demandant à la sienne toute sa noblesse, toute sa clarté, toute son harmonie. Nous serions heureux que cet ouvrage prouvât du moins l'intime affinité qui lie cette branche à celles de l'enseignement normal; car chacun est prêt à reconnaître combien il serait avantageux désormais que tout ce qui passe sous nos yeux, animé ou inerte, produit de la nature ou produit de l'art, devînt pour l'élève comme une mnémonique incessante et récréative. Et, à ce propos, qu'il nous soit permis de faire une remarque. La pensée-mère de ce livre s'est principalement dirigée, sans doute, vers l'éducation des jeunes personnes, espèce de sacerdoce auquel notre cœur, en effet, s'est depuis longtemps dévoué; mais notre ouvrage aurait aussi son utilité réelle dans les colléges, et c'est ainsi que l'a jugé l'Université elle-même, qui a bien voulu, sous ce double rapport, nous honorer d'un double suffrage.

Terminons par un point, très-secondaire sans doute, mais qui répond peut-être au désir de quelques mères de famille.

Dans nos applications géographiques, historiques et industrielles, nous avons dû citer des faits divers, employer même des expressions techniques, nous en référant, pour les détails, aux livres spéciaux de géographie, d'histoire, de physique, de chimie, etc. Cependant nous avons voulu mettre à la disposition de l'élève les renseignements, parfois indispensables, qu'on ne trouve pas toujours facilement. Ainsi les mots écrits en italique ont, à la fin de l'ouvrage, des notes explicatives qui les concernent, et nous avons réuni dans l'ordre alphabétique toutes ces notes, afin d'en rendre plus facile la recherche. Par ce moyen, notre texte, sans être obscur pour l'élève, se trouve dégagé de définitions, de périphrases, qui le rendraient lourd et diffus.

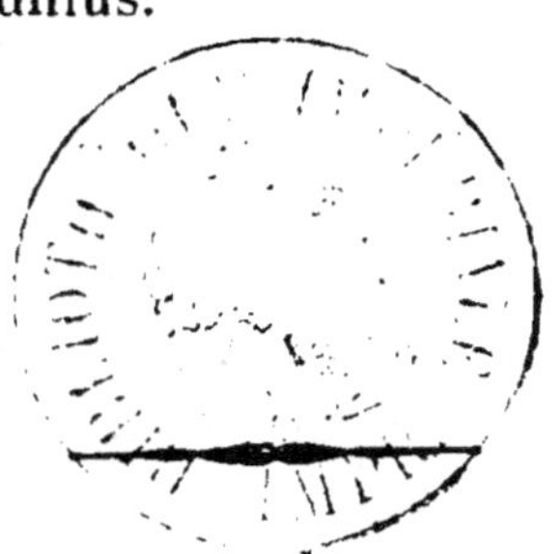

HISTOIRE
NATURELLE

DANS

SES APPLICATIONS GÉOGRAPHIQUES,
HISTORIQUES ET INDUSTRIELLES.

Selon le mode d'existence qui leur est propre, les corps de la Nature forment trois groupes considérables qu'on appelle *Règnes*, parce qu'ils sont régis, en effet, par des conditions particulières, bien que reliés entre eux par des lois qui leur sont communes.

Le Règne Minéral comprend les *Minéraux*, c'est-à-dire les corps qui existent sans avoir besoin de se nourrir.

Le Règne Végétal comprend les *Végétaux* ou *Plantes*, c'est-à-dire les corps qui, pour exister, ont besoin de se nourrir, mais sont dispensés de chercher leur nourriture.

Le Règne Animal comprend les *Animaux*, c'est-à-dire les corps qui n'existent qu'à la double condition de se nourrir et de chercher leur nourriture. (1)

Le Règne Minéral est le fondement essentiel des deux autres : il fournit aux plantes et aux animaux les éléments qui les composent.

Les trois Règnes de la nature forment, séparément, le domaine de trois sciences spéciales : la *Minéralogie*, la *Botanique* (2) et la *Zoologie*.

I. MINÉRAUX.

Les Minéraux constituent la partie solide, la partie liquide et la partie gazeuse de notre planète, c'est-à-dire la terre, l'eau et l'air.

Ils se divisent en quatre classes : les *Gaz*, les *Combustibles*, les *Métaux* et les *Pierres*.

(1) Ce livre n'ayant pour objet principal que les applications de l'Histoire Naturelle à l'économie domestique, nous pensons qu'il doit nous suffire de distinguer ainsi les trois Règnes de la Nature. Les définitions plus scientifiques ont trouvé mieux leur place dans le livre que nous avons consacré à l'*Histoire Naturelle* proprement dite. Mais s'il fallait condenser ici en un seul mot le caractère distinctif des corps qui forment chacun des trois Règnes, nous dirions : le minéral *cristallise*, la plante *végète*, l'animal *vit*. (Voir les notes explicatives qui sont dans l'ordre alphabétique à la fin de l'ouvrage.

(2) Voir les notes explicatives.

GAZ.

Les *Gaz* sont des corps à *Molécules* tellement éparses qu'ils échappent au toucher.

Les quatre gaz qui nous intéressent essentiellement sont l'*Oxygène*, l'*Hydrogène*, l'*Azote* et l'*Acide Carbonique*. Ces gaz se dérobent par eux-mêmes à nos sens, mais il est facile de signaler immédiatement chacun d'eux.

L'Oxygène est le seul qui ait la propriété de rallumer une allumette éteinte, pourvu que cette allumette conserve encore quelque points en ignition. L'Hydrogène est le seul qui s'enflamme lui-même au contact d'un corps enflammé. Enfin, l'Azote et l'Acide Carbonique se distinguent l'un de l'autre, parce qu'ils se comportent différemment, quand on y agite de l'eau tenant en dissolution une certaine quantité de chaux. En effet, avec l'Azote, l'eau reste limpide; tandis qu'elle se trouble par l'action de l'Acide Carbonique, qui, en s'unissant à la chaux, forme une poussière blanche. Cette poussière, après avoir flotté quelque temps dans le liquide, se dépose peu à peu.

L'Oxygène uni à l'Hydrogène, constitue l'Eau; mêlé avec l'Azote, il compose l'Air; combiné avec le Carbone, il produit l'Acide Carbonique.

AIR.

L'Air est un gaz permanent, c'est-à-dire qu'il reste toujours à l'état gazeux. Il est invisible, subtil, sans odeur ni saveur; il est à la fois très-compressible et très-élastique, c'est donc un ressort parfait. Il entoure le Globe d'une couche d'environ quinze lieues d'épaisseur, qu'on appelle Atmosphère (sphère de vapeur), parce que, d'une part, elle se calque sur la forme sphérique de la Terre et, d'autre part, qu'elle contient toujours plus ou moins de vapeur d'eau.

L'Air est très-mobile, et la moindre variation de température suffit pour le mettre en mouvement. Quand il est agité, il constitue le zéphir, le vent ou l'aquilon, suivant que sa vitesse est faible, moyenne ou extrême.

Le vent est le grand régulateur du temps sous tous les climats.

L'Air est composé d'oxygène et d'azote. L'oxygène, qui en est le seul principe vivifiant, y entre pour un peu plus d'un cinquième et s'y trouve à l'état libre, c'est-à-dire dégagé de toute combinaison.

L'acte par lequel nous prenons dans l'air ce gaz, qui doit transformer le sang *veineux* en sang

artériel, se nomme respiration, et l'organe chargé de cette fonction est le poumon. Tous les
êtres organisés sont pourvus d'un appareil res-
piratoire, dont la disposition varie, selon qu'ils
vivent sur le sol ou dans l'eau, selon qu'ils ont
une respiration aérienne ou aquatique ; car,
sans l'oxygène, les phénomènes de la vie ni
ceux de la végétation ne peuvent s'accomplir.
Les animaux et les plantes terrestres l'absor-
bent d'autant plus facilement qu'ils y sont continuellement plongés ; les animaux et les plantes aquatiques, ou viennent l'aspirer à la surface
de l'eau, ou s'emparent de celui que ce liquide
tient en dissolution. Ces soustractions d'oxygène sont continuellement compensées par un
échange admirable qui s'opère entre le règne
animal et le règne végétal ; car, tandis que les
animaux vicient l'air atmosphérique dont ils
combinent l'oxygène avec leur excès de carbone, les plantes, au contraire, le purifient, en re-
mettant son oxygène en liberté pour s'emparer
du carbone, qui est nécessaire à leur développement. Ainsi se conserve toujours égale la proportion d'oxygène qui rend l'air vital ou respirable. L'air devient, en effet, impropre à la respiration, dès qu'il ne renferme plus une quantité suffisante d'oxygène libre. On conçoit dès

lors qu'une personne placée dans une pièce hermétiquement fermée, c'est-à-dire où l'air ne se renouvelle pas, doit bientôt succomber, surtout si du charbon allumé vient augmenter la dépense d'oxygène ; comme aussi, lorsqu'un étang se couvre d'une couche de glace qui intercepte la communication de l'air avec l'eau, les poissons ne tardent pas à y périr, non de froid, mais d'asphyxie (privation d'air respirable).

L'air, qui est 774 fois plus léger que l'eau, ne peut cependant se dérober à la loi de la pesanteur. C'est ainsi qu'il exerce à la surface de la terre une pression qui se modifie sans cesse, selon qu'il est plus ou moins agité, et plus ou moins saturé de vapeurs. Cette pression se mesure avec le *baromètre*, instrument qui est indispensable pour l'exactitude de quelques expériences scientifiques, mais qu'on ne peut guère consulter avec certitude sur la pluie ou le beau temps. C'est la pression de l'air qui détermine le jeu du siphon et l'ascension de l'eau dans les pompes. C'est elle qui, s'appliquant mollement sur notre corps, en maintient les formes, car elle maîtrise les liquides qui s'efforcent de distendre la peau pour se dilater. Et, quand cette pression diminue, nous éprouvons comme une difficulté d'être, une certaine lassitude que le langage vulgaire explique au rebours, en disant que *le temps est lourd*, tandis que l'air atmosphérique est devenu plus léger.

Quand on s'élève dans l'atmosphère, cette pression diminue graduellement avec le nombre des couches superposées, et c'est d'après cette loi que Pascal détermina, par le baromètre, la hauteur du Puy-de-Dôme, et que M. Gay-Lussac mesura son ascension aérostatique. Ce voyage aérien, si célèbre comme exploration scientifique, fut en même temps une tentative hardie; car, laissant à sept mille mètres au-dessous de lui la demeure des hommes, le savant aéronaute se vit bientôt suspendu, par une frêle nacelle, entre la terre et le ciel, dans ces régions inaccessibles où l'air est déjà trop rare et le froid, excessif. La science, du reste, peut reproduire des circonstances semblables sous le récipient de la *machine pneumatique*, où l'eau se congèle alors, et l'oiseau meurt asphyxié; et quoique l'air, qui pénètre partout, ne puisse être complètement chassé de nulle part, cependant, dès qu'on a poussé très-loin sa raréfaction, on dit qu'on a fait le vide. On peut, au contraire, par la pompe de compression condenser l'air et lui donner une force élastique utilisée notamment dans la cloche du plongeur.

Outre la vapeur aqueuse à laquelle il doit sa couleur bleue, l'air atmosphérique contient accidentellement des gaz qui peuvent l'altérer plus ou moins : quelquefois, par exemple, beaucoup trop d'acide carbonique, comme dans la fameuse grotte du Chien, près de Naples ; quelquefois, des gaz odorants et vraiment délétères. Pour purifier l'air, dans le premier cas, on le renouvelle lui-même par une simple ventilation ; dans le second cas, on agit directement sur ces gaz pour les neutraliser, et telle est ici l'action du *chlore*. Quoi qu'il en soit, pour être averti de la présence de l'acide carbonique, gaz à la fois invisible et inodore, on doit, quand on entre dans une atmosphère suspecte, s'y faire précéder d'un flambeau, qui s'éteindra si l'air est mêlé d'une trop grande quantité de ce gaz. Une petite proportion d'acide carbonique ne rend pas l'air impropre à la respiration ; il y en a même toujours quelques traces dans l'atmosphère.

C'est dans l'atmosphère aussi qu'apparaissent où éclatent ces météores brillants ou terribles, dont l'origine n'est pas toujours bien connue ; quelquefois même, il s'en précipite des masses pierreuses ou métalliques nommées *aérolithes*, dont l'existence fut longtemps contestée. Ainsi, lorsque, dans l'année 1794, on annonça la pluie ferrugineuse tombée au Bengale, un rire moqueur tint en échec l'opinion des savants, et il ne fallut rien moins qu'une pluie de pierres, tombée à L'Aigle, pour que la question des aérolithes fût posée et accueillie. Depuis, des faits analogues se sont reproduits, et, récemment encore, une grêle de pierres a failli détruire la ville de Marsala.

Du reste, le rôle de l'air dans la nature est immense. Messager de la parole humaine, du chant des oiseaux et du parfum des fleurs, il préside surtout aux phénomènes de la vie et de la végétation ; et, dans les splendeurs comme dans les cataclysmes de la terre, il intervient toujours grandiose : soit que, limpide et azuré, il forme au-dessus d'elle un dôme magnifique ; soit qu'assombri de nuages, il verse sur elle des torrents de pluie, de grêle ou d'électricité.

Les arts lui demandent aussi d'innombrables services. Tantôt, en effet, il tourne avec méthode les ailes d'un moulin, ou bien il pousse légèrement un navire au delà des mers ; tantôt il dessèche les graines, la poudre, le papier, ou bien il anime le feu dans les usines et vaporise l'eau du sucre dans les raffineries. Sans l'air, enfin, nos salons seraient sans lumière, et nos cuisines sans foyer ; car l'éclairage n'est qu'une combustion, et la combustion elle-même n'est que la combinaison de l'oxygène de l'air avec le carbone du bois ou de la houille. Cette combinaison peut être activée par le soufflet, qui porte sans cesse sur la matière combustible de nouvelles proportions d'oxygène ; et le carbone, ainsi gazéifié, s'enfuit par la cheminée, ne laissant pour résidu que les cendres ou matières non volatiles.

L'air est donc un des corps qu'il importe le plus de connaître. Et si *Lavoisier*, corrigeant l'erreur d'Aristote, a prouvé que l'air *n'est pas un élément*, l'admiration n'est-elle pas encore surexcitée, en voyant un mélange si mobile rester toujours le même au milieu des phénomènes qui sans cesse lui prennent et lui rendent tour à tour l'un de ses principes constituants.

EAU.

L'Eau est un corps transparent, incolore, sans odeur ni saveur. Liquide à la température ordinaire, elle devient solide ou gazeuse, c'est-à-dire *glace* ou *vapeur*, selon qu'une certaine quantité de chaleur lui est soustraite ou bien surajoutée. Dans les deux cas, elle augmente de volume et met en éclats les vases qui lui refusent la place qu'elle exige. La température de l'eau qui se congèle, et puis celle de l'eau qui boût, marquent les deux points fondamentaux du *thermomètre*, instrument qui sert à mesurer les températures ordinaires de presque tous les corps, dans la nature et dans les arts.

L'eau est le grand modérateur de la température à la surface de la Terre. Elle a pour réservoir l'Océan, dont la plus grande profondeur égale à peu près la plus grande altitude des montagnes; mais sa présence étant nécessaire aussi dans l'atmosphère et dans le sol, toutes ces conditions se trouvent satisfaites par une loi merveilleuse d'économie et de simplicité. La gouttelette d'eau, évaporée par les rayons solaires, quitte l'Océan, se dégage du sel qui la gêne, et désormais légère comme l'air qu'elle doit parcourir, elle y marque son passage par son contact rafraîchissant et par un doux reflet d'azur; puis, déposée par le vent sur le front des montagnes, elle s'y arrête solidifiée; puis enfin, redevenue voyageuse sous une autre forme, elle coule dans la plaine, alimente en passant la jeune plante, et descend aux abîmes de la mer pour y recommencer son œuvre.

L'eau n'est pas un élément, c'est-à-dire un corps simple, puisqu'elle est composée des deux gaz, oxygène et hydrogène, que le chimiste isole ou combine à son gré. Elle n'est jamais, dans la Nature, à l'état parfait de pureté. Il faut même qu'elle contienne, en petite proportion, diverses substances nécessaires à nos organes ; il est essentiel surtout qu'elle soit aérée. Quand elle ne contient aucun principe qui puisse lui communiquer une saveur, une odeur ou une propriété médicamenteuse, on l'appelle eau *potable*. On la qualifie de crue ou calcaire, quand elle contient une quantité notable de chaux ; telle est ordinairement celle des puits. L'eau calcaire est impropre au blanchissage, parce que la chaux réagit sur le savon qu'elle défait en partie pour former un corps insoluble qui, se fixant sur le linge, intercepte l'action de l'eau savonneuse. De même, l'eau calcaire ne peut guère servir à cuire les aliments ; car la chaux, abandonnée par l'eau que l'ébullition vaporise, enveloppe bientôt la substance alimentaire et la défend contre l'action de la chaleur.

Quand l'eau calcaire s'évapore d'elle-même, c'est-à-dire à la température ordinaire et lentement, elle peut alors produire ces stalactites pittoresques de tant de grottes célèbres, comme aussi ces pétrifications simulées des fontaines incrustantes.

Pour purifier l'eau que des substances étrangères rendent odorante ou bien terreuse, on la *distille*, c'est-à-dire on la vaporise d'abord par la chaleur, et puis on la condense par le froid, dans un appareil qui se nomme *alambic*. Les premiers moments de la distillation chassent les gaz, qui sont plus volatils que l'eau ; et bientôt après, l'ébullition, volatilisant l'eau à son tour, l'isole des parties terreuses, qui sont fixes. L'eau distillée est d'un grand usage en pharmacie ; elle serait indigeste pour nous et mortelle pour les poissons, si on ne lui restituait l'air dont elle est alors privée. Elle est indispensable surtout dans la photographie ; enfin, son identité complète, en tout temps et en tout lieu, l'a fait adopter pour unité de poids des solides et des liquides.

Quant à l'eau de mer, le problème à résoudre n'était pas de la rendre potable, mais d'y parvenir avec économie, résultat obtenu naguère et qui est d'autant plus heureux, pour la marine militaire, qu'on peut ainsi céder aux provisions de guerre et de bouche toute la place occupée par la réserve d'eau. Il serait à désirer que la marine marchande utilisât aussi ce procédé, car la réserve d'eau s'altère avec le temps, si l'on n'emploie l'action désinfectante du charbon. Le charbon absorbe, en effet, les gaz fétides qui proviennent toujours de la décomposition de substances que l'eau tient en dissolution, car, par elle-même, l'eau ne peut se corrompre.

Souvent aussi l'eau produit des animaux ou des plantes microscopiques issus de germes invisibles, qui n'attendent qu'une circonstance favorable pour naître et se développer. Telle est l'origine des *moisissures*.

Tandis que la distillation purifie l'eau, le filtrage la clarifie seulement, c'est-à-dire la dégage des substances qui en altèrent plus ou moins la transparence.

Quand l'eau contient des substances minérales en proportion assez forte pour n'être plus propre aux offices domestiques, on l'appelle *minérale* ou bien encore *médicinale*, parce que ces substances lui communiquent certaines propriétés que la médecine utilise diversement. D'après la nature même de la substance dominante, l'eau minérale est dite sulfureuse, ferrugineuse, acidule, alcaline ou gazeuse ; et, d'après sa propre température, elle est froide ou thermale. Cette température est d'autant plus élevée que l'eau provient d'une plus grande profondeur. L'eau thermale est assurément un des phénomènes les plus remarquables de la Géologie. L'industrie s'en empare quelquefois d'une manière in-

génieuse, notamment à Chaudes-Aigues. Les
eaux souterraines apportent à la surface la température des couches qu'elles ont traversées. En
effet, si l'on pénètre plus ou moins profondément dans le sol, on rencontre des nappes
d'eau qui, glissant entre deux couches imperméables, descendent ainsi vers la mer par une
voie cachée. Pour les faire jaillir à l'horizon, il
suffit qu'une issue leur soit ouverte au moyen
d'un puits foré. Ces fontaines artificielles, si
précieuses dans quelques contrées où manquent
les sources, sont pour toutes un agréable em-
bellissement.

Indispensable comme l'air, l'eau toutefois est
diversement utile, selon qu'elle est liquide, solide ou gazeuse.

A l'état liquide, elle entre comme partie cons-
tituante dans presque tous les corps des trois
règnes, surtout dans les êtres organisés, c'est-
à-dire les plantes et les animaux. Elle est notre
boisson la plus saine. Nous lui devons la propreté du linge et du corps, la préparation de presque tous nos aliments, la fraîcheur de l'air et la
fécondité de nos terres. Sans elle, en un mot,
point de végétation, point de vie. Aussi, non-seulement elle sillonne le sol dans tous les sens et
sous toutes les formes de ruisseau, de rivière ou

de fleuve, mais encore elle descend de l'atmosphère, en rosée ou en pluie, sur les points trop
éloignés de ces courants pour en ressentir l'influence. Elle est un des agents principaux de l'industrie, depuis la simple gouttelette qui mouille
la pierre à aiguiser, jusqu'au jet abondant qui
maîtrise l'incendie; et l'intermédiaire le plus
naturel du commerce, depuis l'humble courant
qui porte le bois de flottage jusqu'à la masse
océanienne qui réunit les continents. Que
sont, auprès de tant d'immenses services, quelques inconvénients partiels qui se lient d'ailleurs aux lois incessantes de composition et de
décomposition! Sans doute, l'eau désorganise
les corps où elle s'infiltre en trop grande quantité; sans doute, elle ravage et disperse les
champs qu'elle inonde. Toutefois, pour que ces
effets soient atténués, pour que ces invasions
aqueuses soient très-rares, presque toute la
vapeur qui se répand dans l'air y reste suspen-
due ou va se condenser au sommet des collines.
Le plus souvent même, cristallisée en neige ou
en glace, elle se tient en réserve sur les hautes
montagnes, ne se liquéfiant que peu à peu pour
l'entretien régulier des cours d'eau; car telle
est la plus noble fonction de l'eau à l'état solide.

La médecine se sert souvent de la glace comme d'un auxiliaire fort utile, et le limonadier
l'emploie pour solidifier ses sirops, ou seulement pour les rafraîchir. Quant à l'usage fréquent des boissons glacées, il est pernicieux
surtout dans les bals ; car, plus d'une fois, à la
transpiration produite par la danse succède
soudainement le frisson de la fièvre, précurseur
d'un trouble profond dans les fonctions physio-
logiques.

A l'état gazeux, l'eau est inappréciable comme
moteur puissant et comme véhicule d'une extrème chaleur. Appliquée par le commerce aux
voies de transport par terre et par eau, la vapeur anime les bateaux et les wagons d'une
telle vitesse, qu'elle semble supprimer les distances et se jouer de la pesanteur. Dans les
arts, c'est par elle qu'on triomphe, pour ainsi
dire, de toute résistance ; qu'on peut, avec économie et sûreté, maintenir dans les appareils
une température uniforme et constante, ou
bien encore, chauffer d'énormes étuves avec un
seul foyer. Cette dernière application de la vapeur est une des plus belles améliorations de la
teinturerie. La chaudière unique, placée sur le
foyer, fournit la vapeur que des conduits dis-
tribuent ensuite aux étuves, un robinet permet-

tant de n'en laisser entrer dans chacune d'elles que la proportion nécessaire pour y porter la chaleur convenable. Dans vingt autres branches industrielles, la vapeur est encore un auxiliaire qu'il serait bien difficile de remplacer.

Pour exprimer toute l'importance géographique de l'eau, disons qu'elle occupe les trois cinquièmes de la surface du globe ; et, pour mieux résumer tous les souvenirs mémorables où se mêle son nom, qu'il nous suffise ici de rappeler que presque toutes les villes sont assises sur le littoral des mers ou sur les rives des cours d'eau.

L'eau rappelle surtout le plus grand cataclysme des temps historiques : le déluge.

Mais dans les merveilles de la nature, que son intervention est magnifique et variée ! Sur nos têtes, le sombre nuage qui recèle la foudre ; à nos pieds, le ruisseau limpide où se mirent les fleurs ; ici, de l'eau douce qui jaillit du sein de la mer ; là, une colonne d'eau bouillante qui s'élance du milieu d'un glacier ; plus loin, une onde écumeuse dont l'œil se fatigue à mesurer le sommet, ou bien une montagne de neige que couronne une aigrette de feu ; plus loin encore, un lac dont le disque étincelle au reflet de la lune comme de l'acier poli ; ou bien un fleuve

qui bondit et se précipite en une immense nap-
pe, à travers laquelle le soleil vient jeter mille
couleurs ; partout enfin la présence de l'eau ;
partout, sinon l'air serait sans azur, la prairie
sans verdure, et la rose sans carmin.

Ne nous étonnons donc pas que Thalès ait pu
considérer l'eau comme le principe initial de
notre planète. Aristote lui-même en fit un des
quatre éléments, et cette erreur, adoptée par
l'admiration qu'inspirait ce grand naturaliste,
s'est transmise presque jusqu'à nous.

Newton le premier, par un des ces éclairs qui
sont le privilége du génie, soupçonna dans l'eau
la présence d'un corps combustible, hypothèse
qui heurtait de front toutes les idées reçues.
Maker, physicien français, fit aussi remarquer
que l'hydrogène en brûlant donne de l'eau.
Mais l'opinion d'Aristote avait si bien pour elle
la double sanction du temps et de l'habitude,
que les savants eux-mêmes, déconcertés, n'o-
saient croire que l'eau pût être un corps composé. Cependant, il fallut bien se rendre à la
double démonstration de notre illustre Lavoisier, qui prouva d'une manière éclatante que
l'eau est formée d'oxygène et d'hydrogène.
Ainsi fut justifiée la pensée de Newton, car l'hydrogène est le plus combustible de tous les
corps.

II. COMBUSTIBLES.

Les Combustibles sont des corps qui se combinent vivement avec l'oxygène, et dégagent ainsi de la lumière et de la chaleur. Les combustibles minéraux que nous devons signaler ici (1) sont le *Carbone*, le *Bitume*, le *Soufre* et le *Phosphore*.

CARBONE.

Le Carbone est un des corps simples les plus importants. C'est l'élément qui domine dans le Règne Végétal et dans le Règne Animal, car tous les êtres organisés résultent de la combinaison du Carbone avec des proportions variables d'oxygène, d'hydrogène et d'azote. S'il n'est pas aussi essentiel dans le Règne Minéral, il y occupe cependant une assez grande place, puisqu'il concourt à former les *carbonates*, une des parties les plus notables de la croûte terrestre. De plus, il constitue ces réserves de combustible *fossile* qu'on appelle houillères

Le Carbone est le charbon pur, c'est-à-dire isolé des matières terreuses appelées cendres. Il est solide, noir, sans odeur ni saveur, inso-

(1) Voir les notes explicatives.

luble, presque infusible, il a deux fois et demi le poids de l'eau. Il s'allume à 250° de chaleur; il brûle sans flamme et sans odeur. La flamme qui le surmonte dans nos foyers est due à l'hydrogène qui s'y trouve mêlé; et l'odeur que nous attribuons au charbon provient des substances qui le rendent impur. Il est désinfectant et décolorant, double propriété qu'on utilise si bien pour conserver la provision d'eau sur les navires, et pour donner au sucre toute sa blancheur. Il se laisse difficilement traverser par le *calorique*, de telle sorte qu'un fragment de charbon, quoique rougi par le feu à l'une de ses extrémités, peut, à l'autre, rester froid.

Le charbon est d'origine différente et, sous ce rapport, il se distingue en charbon animal, charbon végétal et charbon minéral ou fossile. Le charbon animal est le plus décolorant, le charbon végétal est celui qui désinfecte le mieux, le charbon fossile, appelé houille, est celui qui produit le plus de chaleur.

La houille n'était pas connue des Anciens. Son utilité cependant est d'autant plus grande, que c'est un combustible moins cher que le charbon de bois et plus calorifique, car, sous le même volume, elle contient plus de matière combustible, plus de carbone. Aussi la houille est-elle principalement employée à l'exploitation des mines et au travail des métaux. Elle est moins souillée de cendre que le charbon de bois, mais elle a l'inconvénient de répandre une odeur désagréable, parce qu'elle contient des substances volatiles qui en sont chassées par le feu. Une de ces substances est l'hydrogène, qui sert aujourd'hui pour l'éclairage, et qui ne produirait pas une flamme brillante, s'il n'emportait avec lui une certaine quantité de charbon. Selon qu'on veut retirer de la houille le gaz pour l'éclairage ou le charbon pour le chauffage, on la distille rapidement ou lentement : rapidement, afin que l'hydrogène emporte une proportion suffisante de charbon; lentement, afin que l'hydrogène en emporte le moins possible.

La houille, dégagée de toutes ces substances volatiles, prend le nom de *coke ;* le coke, isolé lui-même des substances terreuses qui l'altèrent encore, est le carbone.

Du *goudron* de houille, on obtient, entre autres produits, une cire nacrée qui rivalise avec la *cétine* (ou blanc de baleine) et des substances colorantes qui sont d'une incomparable beauté.

Le diamant et le carbone sont chimiquement identiques, et cependant leurs propriétés physiques, apparentes, diffèrent tellement, qu'on serait tenté de les considérer comme deux corps de nature différente. Le carbone est noir, le diamant, incolore ; le carbone est opaque, le diamant, transparent : le carbone a peu de dureté, le diamant est le plus dur de tous les corps. Mais le chimiste peut ramener le diamant à l'état du carbone, et les employer d'une manière parfaitement égale dans la composition de l'acier. Enfin, par la combustion, ils donnent la même quantité d'acide carbonique. L'acide carbonique ou acide du charbon est un gaz qui résulte de la combinaison du carbone avec une certaine proportion d'oxygène. Il se dégage notamment des liquides qui fermentent ; et c'est lui qui, si prompt à s'échapper, produit la mousse du vin de Champagne, de la bière et de l'eau de seltz, en soulevant tumultueusement ces liquides. L'acide carbonique est impropre à la respiration, mais il n'est pas vénéneux. Tandis que le carbone, en se combinant avec une plus petite proportion d'oxygène, forme un gaz des plus délétères, qui ne se trahit par aucun signe extérieur. Ce gaz, appelé oxyde de carbone, se produit quand la combustion du charbon est imparfaite, par exemple, quand elle commence ; aussi ne doit-on jamais allumer du charbon sans le placer sous le courant d'air d'une cheminée.

Le graphite, que le vulgaire appelle si improprement plombagine ou mine de plomb, ne diffère peut-être aussi du carbone et du diamant que par des caractères physiques, et notamment par son mode de cristallisation en paillettes. Le graphite est la matière première du crayon. Il est plus mou que le papier, puisqu'il y laisse sa trace. Dans la *galvanoplastie*, on s'en sert spécialement pour favoriser le dépôt de l'or, de l'argent ou du cuivre, sur le bois, sur le soufre et sur le plâtre.

La houille, acquisition des temps modernes, est une des principales richesses des nations ; car la grande économie du combustible constitue leur puissance industrielle. C'est là ce qui explique cette supériorité de l'Angleterre, qui possède, à Newcastle surtout, les houillères les plus productives du globe. La France en possède elle-même plus de deux cents, et celles d'Aubin, dans le département de l'Aveyron, pourraient seules suffire longtemps à sa consommation ; mais les frais de transport ne permettent pas encore de les bien exploiter. Cependant St-Etienne, dans le département de la Loire, et Anzin, dans le département du Nord, fournis-

sent une grande quantité de houilles, recherchées à différents titres : les unes, pour les usines à forges, parce qu'elles ne produisent pas
de flamme; les autres, pour les usines à chaudières, parce qu'elles en produisent beaucoup.
Celles d'Alais valent celles de la Grande-Breta-
gne, et ne coûtent pas plus cher.

Quant au diamant, il attira, dès la plus haute
antiquité, l'attention des hommes ; non par son
éclat, car le diamant brut, c'est-à-dire qui n'a
pas été taillé, est d'un aspect presque terne,
mais par son extrème dureté. Le grand-prètre
Aaron portait un diamant placé sur le *pectoral*,
petite pièce d'étoffe dans laquelle étaient en-
châssées douze pierres précieuses gravées des
noms des douze tribus. Les anciens s'en servaient pour rayer les pierres les plus dures.
Leurs poëtes, pour exprimer l'inflexible sévé-
rité de Minos, d'Eaque et de Rhadamante, leur
attribuaient un cœur de diamant. Comme le
merveilleux ne pouvait manquer de s'attacher
à une substance si exceptionnelle, Pline et Scaliger lui supposèrent des propriétés surnatu-
relles. Du reste, comme on ignorait l'art de le
tailler, on l'employait tel qu'il était sorti de la
terre. L'agrafe du manteau de Charlemagne
était formée ainsi de l'assemblage de plusieurs

diamants bruts. Tels étaient encore les diamants dont était composé le collier d'Agnès Sorel, qui, la première en France, les adopta pour parure; mais bientôt après ils prirent faveur, lorsque le hasard découvrit à Louis de Berquen, natif de Bruges, la manière de les tailler. Ce fut lui qui, en 1476, tailla le beau diamant de Charles-le-Téméraire. Ce diamant, que le duc perdit la même année à la bataille de Morat, et qui appartient aujourd'hui à l'empereur d'Autriche, fut vendu pour un écu par un Suisse, ce qui ne doit pas étonner, puisque la vaisselle d'argent fut prise et vendue comme vaisselle d'étain. L'invention de Berquen éleva considérablement le prix du diamant, et en rendit l'usage beaucoup plus rare. Peu à peu les bijoux d'or et les perles le remplacèrent. Toutefois le diamant reprit la vogue sous Louis XIV, et formait la parure distinctive des dames de la cour ; mais ce luxe gagnant bientôt les hommes, on vit le diamant scintiller aux couvercles de tabatières, aux boutons d'habits, aux ganses de chapeaux, aux poignées d'épées. Le diamant est resté le symbole de l'opulence, et il a en effet une très-grande valeur, quand il est d'une *belle eau,* c'est-à-dire quand il est limpide et incolore. Jusqu'au XVIIe siècle, les Indes-Orientales fournirent exclusivement les diamants; mais à cette époque, Golconde et Visapour ont dû céder au Brésil ce riche monopole. La couronne de France possède deux beaux diamants : le *régent* et le *sancy*. Mais le plus beau diamant connu est celui que possède la cour de Russie; il a le volume d'un œuf de pigeon, et formait un des yeux de la fameuse statue de Scheringan ; enlevé de cette pagode par un soldat, il fut enfin acheté par l'impératrice Catherine II. La taille du diamant est une industrie spéciale de la ville d'Amsterdam.

La *houille* se lie, par des transitions insensibles, à l'anthracite, au lignite et à la tourbe, qui sont aussi les produits d'un antique enfouissement de végétaux minéralisés par le temps.

L'*anthracite* n'est que de la houille presque dépouillée de bitume, ce qui en rend la combustion plus difficile à décider. Il abonde surtout dans l'Amérique Septentrionale.

Le *lignite* est de la houille moins dense, moins minéralisée, parce que la formation géologique en est moins ancienne. Aussi dégage-t-elle moins de chaleur ; et puis, l'odeur qu'elle exhale en brûlant la rend moins propre au chauffage. Le plus riche dépôt de lignite se trouve dans le territoire de Cologne.

La *tourbe* contient encore moins de carbone que le lignite, parce qu'elle provient, non de végétaux ligneux, mais de plantes herbacées et surtout d'herbes marécageuses. Du reste, c'est une minéralisation qui s'accomplit même sous nos yeux et qui, en général, n'exige pas plus d'un siècle. La Hollande n'a pas d'autre combustible que la tourbe, qui sur tous les points s'y trouve à une petite profondeur.

BITUME, SUCCIN, COPAL.

Le *bitume*, cette substance inflammable que nous avons signalée surtout dans la houille, paraît avoir, comme elle, une origine végétale. Il a reçu, selon sa consistance, des noms divers. On l'appelle *asphalte,* quand il est dur, cassant ; *pétrole,* quand il est visqueux ; *naphte,* quand il est parfaitement liquide. Sous la forme d'asphalte, il est plus lourd que l'eau pure ; et s'il flotte à la surface du lac Asphalite, c'est qu'en effet les eaux de ce lac, qui porte ainsi les traces de la catastrophe de Sodome, ont acquis accidentellement beaucoup de densité. L'Auvergne et l'Alsace, Seyssel (Ain) et Dax (Landes) en ont de grandes exploitations. L'asphalte sert surtout à faire des mastics. Dans la confection des trottoirs, on l'étend, ramolli par la chaleur, sur un fond convenablement préparé, et on le saupoudre de gravier. L'asphalte, en se refroidissant, reprend assez de dureté pour fixer le sable, qui doit supporter le frottement.

Le naphte acquiert, de jour en jour, une plus grande importance industrielle. L'Amérique du Nord, notamment au pied des Monts Alleghanys, présente des sources naturelles de cette huile minérale, analogue à celle que fournit artificiellement la distillation de la houille. L'exploitation de ces sources, ainsi que l'emploi de cette huile pour l'éclairage, exige des précautions toutes spéciales, car le naphte est très-inflammable. A Paris, pour en atténuer le danger, on le mêle avec une certaine quantité d'huile végétale, qui en corrige aussi l'odeur. Sous le rapport de l'éclairement ou effet utile de la lumière, l'huile minérale l'emporte sur le gaz carboné ; mais, sous le rapport surtout de l'économie, elle pourrait faire une concurrence réelle au gaz et aux huiles ordinaires, si n'était le péril de son extrême inflammabilité. Elle menace aussi de faire concurrence à la houille pour le chauffage. Dans la *Birmanie*, on compte plusieurs centaines de sources, qui fournissent annuellement plus de 160 millions de naphte et de goudron ; elles alimentent de cire, à Londres, la fabrique de bougies stéariques la plus considérable du globe.

Le *succin* ou ambre jaune est, comme le bitume, une substance composée et un produit géologique. C'est une sorte de résine fossile diaphane. Elle empâte quelquefois des insectes contemporains des arbres qui jadis la produisirent elle-même, et qui sont aujourd'hui transformés en charbon. Le succin, recueilli presque uniquement sur les bords de la Baltique, fut connu des Anciens, qui donnèrent son nom (*Electron*) à cet agent que la physique appelle encore *Electricité*. Il s'électrise, en effet, par le simple frottement. Il fut autrefois très-estimé comme objet d'ornement, car il peut recevoir un beau poli. On peut aussi lui donner diverses teintes et le ramollir au point d'y incruster des corps étrangers qui en rehaussent le prix.

Le copal est aussi une résine, mais qu'on obtient par incisions faites à l'arbre qui porte son nom. On l'emploie pour fabriquer des pommes de canne, des bracelets, des colliers, des peignes, des boucles d'oreille. Il entre dans la composition des meilleurs vernis.

Pour ne pas confondre le succin et le copal,

il suffit de noter que l'huile essentielle de *caje-put* dissout le copal et ne dissout pas le succin.

SOUFRE.

Cet élément, d'un jaune verdâtre, a deux fois la densité de l'eau ; il est fusible à 108°, inflammable à 150° ; insoluble et mauvais conducteur du calorique et de l'électricité. Il brûle avec flamme, parce qu'il est volatil. A mesure qu'on le chauffe, on voit sa couleur s'exalter jusqu'au rouge, et puis revenir au jaune par le refroidissement. Cette circonstance prouve que le phénomène de coloration ne tient qu'à l'arrangement différent des molécules.

Par lui-même ou par ses composés, le soufre a une telle importance que la puissance industrielle d'un pays peut être mesurée sur la proportion de soufre qu'il consomme.

Il n'est pas aussi rare, heureusement, qu'on pourrait le croire en voyant toute l'Europe tributaire de la Sicile, sous ce rapport. Assurément les solfatares célèbres de l'Etna, comme celles du Vésuve, le donnent à profusion et presque à l'état pur. Mais on peut le retirer de ses combinaisons, c'est-à-dire de ses *sulfures* et de ses *sulfates*. Le sulfure le plus répandu est le

sulfure de fer appelé *pyrite*. La montagne brû-
lante de Sarrebourg n'est qu'une houillère brûlant par le sulfure de fer qui, au contact de l'air
et de l'eau, change de nature, mais avec une
vive chaleur, car c'est comme une véritable
combustion. Le sulfate le plus commun est
le sulfate de chaux (appelé plàtre). La France
possède un gisement de soufre près de Florac
(Lozère).

On comprend sans peine que ce combustible
a dû être parfaitement connu des Anciens, puisqu'il se distingue par sa belle couleur et qu'il
se présente surtout dans cette partie de l'Ialie
qui fut si longtemps le grenier du Peuple-Roi.

Les emplois du soufre sont très-nombreux. Il
entre dans la composition de la poudre de
guerre, il *vulcanise* le caoutchouc, il détruit une
foule de parasites et notamment l'oïdium, il sert
d'amorce aux allumettes. Il forme, uni au mercure, la belle couleur rouge nommée vermillon.
Il constitue le principe essentiel des eaux dites
sulfureuses. Il est précieux pour la gravure des
médailles, parce qu'il prend les empreintes avec
une extrême précision.

Uni à l'oxygène, le soufre forme l'acide *sulfureux* et l'acide *sulfurique;* uni à l'hydrogène, il
forme l'acide *sulfhydrique*. Ces trois corps sont

vénéneux. Mais, d'abord, il n'y a guère que le troisième qui se rencontre à l'état libre dans la nature, et l'odeur infecte de ce gaz en signale de loin les moindres traces. Et puis, ces trois acides sont éminemment utiles. L'acide sulfureux sert au blanchîment de la soie, de la laine, des plumes, de la paille, et principalement au *mutage* des vins blancs. L'acide sulfurique est un agent énergique que réclament plusieurs industries ; il convertit la fécule en glucose (sucre) et retire de la craie le gaz qui constitue l'eau de seltz. Enfin, le soufre est nécessaire à l'homme, à tous les animaux et à toutes les plantes. Quant à l'acide sulfhydrique, c'est lui qui donne aux eaux de Barèges et d'Enghien leur odeur et leur efficacité, c'est par lui que le soufre monte dans l'atmosphère, retombe avec la pluie, pénètre dans les plantes et, par les plantes alimentaires, devient partie intégrante des animaux. Nous le trouvons en notable proportion dans le jaune d'œuf. Lorsque l'œuf se putréfie, le soufre s'en dégage sous la forme d'acide sulfhydrique, comme il se dégage également des huîtres et des moules gâtées. Il peut alors déterminer des accidents graves. Il a de plus l'inconvénient de noircir l'argent, l'or, la peinture au blanc de plomb ; et c'est pour ce motif aussi qu'il importe de veiller à ce que le gaz de l'éclairage en soit suffisamment purifié.

PHOSPHORE.

Le *phosphore* est un élément qui ne doit être manié qu'avec précaution, car il produit de profondes brûlures. Il est solide et peu soluble dans l'eau, mais l'eau n'en est pas moins très-délétère, dès qu'elle contient quelques traces de ce corps. A l'obscurité, il se signale par cette lumière faible qui, de son nom, a pris celui de phosphorescence. Il n'est jamais à l'état libre dans la nature, parce qu'il a beaucoup d'affinité pour tous les corps et surtout pour l'oxygène. Uni à ce gaz, il forme, à froid, l'acide phosphoreux et, à chaud, l'acide phosphorique.

Le phosphore entre en partie notable dans la substance cérébrale; il constitue essentiellement le squelette des animaux supérieurs et de l'homme. C'est à l'état de *phosphate* de chaux, que l'eau pluviale le dissout et le porte dans les plantes; par les plantes, il passe dans les animaux herbivores et, par les animaux herbivores, dans les animaux carnassiers. On le retire principalement des os de mouton. Nos dents sont formées de phosphate de chaux; l'émail qui les recouvre et les protége est une combinaison que les chimistes appellent *fluorure de calcium*. Ce qu'il importe de noter, c'est que, privée d'émail, la dent se carie par l'action des acides et même de l'acide carbonique produit par la respiration. Le phosphate de cobalt fournit à l'industrie toutes les teintes roses jusqu'au violet pourpre. La substance des feux follets qui se dégagent parfois des fissures du sol dans les soirées chaudes de l'été, est un *phosphure d'hydrogène*, corps éminemment combustible.

L'emploi le plus vulgaire du phosphore consiste dans la fabrication des allumettes à frottement. Les allumettes sont d'une incontestable utilité: mais elles présentent un double danger, puisqu'elles portent un corps vénéneux et incendiaire. Le phosphore prend feu à 60° de chaleur; un simple frottement suffit pour l'élever à cette température, et c'est ainsi qu'on enflamme les allumettes. Le contre-poison du phosphore est la magnésie calcinée, en suspension dans de l'eau bouillie, c'est-à-dire presque complètement privée d'air.

Quand une fabrique de phosphore est en pleine activité, surtout la nuit, elle impressionne à la fois tous les sens. L'œil est ébloui par les étincelles de phosphore qui jaillissent, quoi

qu'on fasse, de divers creusets, et la flamme
jaunâtre d'hydrogène phosphoré lui paraît d'autant plus livide qu'elle se mêle à la flamme
bleuâtre d'oxyde de carbone. A cet aspect sinis-
tre, ajoutez le bouillonnement tumultueux des
vapeurs et des gaz, l'insupportable rayonne-
ment calorifique de la fournaise, la saveur pénétrante des vapeurs phosphoriques et l'odeur
suffocante des gaz phosphorés.

Le phosphore ne coûte guère, aujourd'hui,
que dix francs le kilogramme. Les allumettes à
frottement en consomment la plus grande part.
Or la quantité d'allumettes qu'on fabrique tous
les ans est incroyable, et il est triste de songer
à quel prix infime est vendu ce produit, qui présente tant de périls pour l'ouvrier. Déjà Londres seul fournit annuellement cinq milliards
d'allumettes, mais deux fabriques autrichien-
nes en produisent quarante-cinq milliards chaque année. Ces deux fabriques occupent six
mille ouvriers et livrent quatre cents allumettes pour cinq centimes.

III. MÉTAUX.

Les Métaux sont des minéraux denses et fusi-
bles. Ils sont, en général, souterrains et forment, à diverse profondeur, des masses plus

ou moins considérables qu'on appelle mines. Ils ne tiennent pourtant qu'une petite place parmi les substances qui composent l'écorce terrestre, mais leur importance industrielle les met au premier rang. Nous ne devons nous occuper ici que des plus employés, des plus utiles.

FER.

Le Fer est, de tous les métaux, le plus utile à la fois et le plus répandu. Sa couleur est d'un gris bleuâtre. Il a le rare privilège de pouvoir se souder directement, et c'est sur cette propriété que repose l'art remarquable du forgeron.

Malléable et *ductile*, il peut, en conservant beaucoup de force, s'étendre au laminoir en feuilles minces et s'étirer à la filière en fils très-déliés. Sa densité n'est que sept fois celle de l'eau ; sa ténacité cependant est extrême, car, réduit en un fil d'un millimètre d'épaisseur, il peut supporter, sans se rompre, un poids de soixante kilogrammes. Cette qualité le rend éminemment propre à la confection des ponts suspendus. Sa ténacité est encore soutenue par sa dureté.

Le fer est, en effet, un métal dur, c'est-à-dire qui ne s'use que difficilement. C'est à ce titre qu'il sert par excellence pour constituer d'abord tous les outils; puis les rails sur lesquels courent les wagons, enfin les bandes ou les lames qui protégent les roues des voitures ou les pieds des chevaux. On ne le fond qu'avec peine, à moins qu'on n'excite le feu avec de l'air chaud.

On ne le trouve parfaitement pur, ni dans la nature, ni dans les arts. Il s'enchaîne et se dissimule dans des combinaisons si intimes et si complexes, qu'on éprouve beaucoup de peine à le reconnaître et, bien plus encore, à l'isoler. Quand on traite son minerai par le feu, on n'obtient d'abord que la fonte, c'est-à-dire une combinaison de fer avec une certaine quantité de carbone et de silicium, dont on ne parvient même à le séparer qu'imparfaitement par une opération assez longue qu'on appelle affinage. Le fer le mieux affiné retient toujours quelques traces de carbone, et à cet état de pureté le fer jouit de la propriété de s'aimanter et se désaimanter instantanément; il devient ainsi précieux pour la télégraphie électrique, qui transmet les dépêches avec une vitesse que surpasse seule la vitesse de la pensée.

Quand le fer est uni, naturellement ou artificiellement, à une petite proportion de carbone, il devient *acier*. Pour élever le fer à l'état d'acier, c'est-à-dire pour augmenter de beaucoup sa dureté, on le chauffe mêlé avec du charbon ; le carbone alors pénètre le fer ; et, cependant, comme la carburation n'est pas uniforme, parce que les couches extérieures du fer sont plus carburées que les couches intérieures, l'acier doit être fondu pour devenir ainsi complètement *homogène*. L'acier sert principalement à constituer les instruments tranchants, ainsi que les limes et les ressorts.

Enfin, pour le besoin des arts, on rend l'acier très-souple ou bien très-dur, selon qu'après l'avoir rougi au feu, on le refroidit très-lentement ou bien très-vite. La nature de l'acier est la même dans les deux cas, mais l'arrangement des molécules en est différent : quand le refroidissement est doucement gradué, les molécules ont le temps de prendre la disposition relative qui leur est naturelle ; tandis que, dans le second cas, elles sont forcées de rester dans la situation où le froid les a brusquement saisies. Pour précipiter le refroidissement de l'acier, on le plonge dans l'eau ; cette opération en a reçu le nom de trempe. L'eau produit sur l'acier le même effet que le martelage : elle le rend plus dense.

Le fer est quelquefois altéré par la présence
du soufre. Il est alors plus fusible, mais cassant ; or le soufre, quoique vaporisé par le feu
dans l'opération de l'affinage, ne peut être éliminé cependant que d'une manière incomplète,
car il est ici retenu par une puissante affinité.

Ajoutons que le fer s'oxyde, c'est-à-dire, se
rouille, au contact de l'air humide. Cette oxidation, qui le rend pulvérulent, résulte de la combinaison du fer avec une forte proportion de
l'oxygène de l'air ; l'humidité la favorise en
fixant sur le métal ce gaz, qui, par lui-même,
est très-mobile. Pour empêcher la formation de
la rouille, on recouvre le fer d'un vernis, comme dans les grilles de nos jardins ; ou bien on
le revêt d'une feuille métallique, par exemple,
d'une feuille d'étain, et alors on a ce fer étamé
qu'on appelle fer-blanc. Mais la nature, qui se
plaît à varier les propriétés des corps en variant
leurs proportions chimiques, nous offre, au contraire, l'*aimant*, dans une combinaison de fer
avec une plus petite proportion d'oxygène. Puis,
de l'aimant perfectionné, la science a fait cet
instrument, si précieux pour la marine, qui porte
le nom de boussole. La boussole est une aiguille aimantée, qu'on place dans une boîte vitrée au centre d'un cercle indicateur, et qui,

libre de prendre toutes les directions, persiste à se tourner toujours vers le pôle. Cet instrument ne fut point inventé par le Napolitain Flavio Gioja ; car, s'il n'était pas connu des Chinois depuis plusieurs siècles, du moins les Arabes s'en servaient déjà, bien avant, pour se diriger dans le désert et pour se tourner vers la Mecque au moment de la prière.

Du reste, le fer doit passer par l'état d'oxydation pour entrer dans nos organes, où sa présence est nécessaire, comme aussi pour se dissoudre dans les eaux dites ferrugineuses, qu'emploie si souvent la médecine. Enfin, c'est une de ces dissolutions particulières qui est le contrepoison de l'arsenic, contre-poison d'autant précieux qu'il peut être pris à forte dose sans aucun danger, et que l'agent qu'il doit neutraliser est celui-là même que le crime emploie presque toujours.

Les emplois du fer sont innombrables : c'est le pivot de l'industrie. Il intervient dans presque tous les arts, il colore aussi presque toutes les substances minérales. Nous avons déjà signalé plusieurs de ses applications, nous devons en citer quelques autres. A l'état de fer proprement dit, il est surtout employé dans la serrurerie, les manufactures d'armes, le charronnage, la clouterie. Mis en feuille, il forme la tôle, dont on fait les tuyaux de poêle.

Le fer tend à se substituer au bois, à la pierre, au bronze. Il est surtout facile de comprendre tout l'avenir que l'architecture civile et la décoration des monuments réservent à la fonte qui résiste beaucoup plus que le bois et la pierre, et qui coûte dix fois moins que le bronze.

De toutes les divisions de l'industrie des **fers**, aucune n'a été plus lente à s'établir en France que la fabrication de l'acier. Cette lacune se comble tous les jours. Nous pouvons même dire que, pour l'acier fondu qu'il est si difficile d'obtenir régulièrement, Rive-de-Gier (Loire) ne craint la concurrence d'aucune manufacture anglaise, et que les ressorts produits par Athis (Seine-et-Oise), égalent tout ce que l'Angleterre peut offrir de meilleur.

Le fer était connu dans la période antédiluvienne; mais sa mise en œuvre offre tant de difficultés, qu'il est permis d'affirmer que les Anciens n'ont réellement employé que la fonte. Du reste, il n'y a pas dans Homère le plus petit vestige de fer. On peut en conclure que chez les Grecs, à l'époque de la guerre de Troie, ce métal était du moins fort rare. Chez les Romains eux-mêmes, le fer ne dut être encore que de la fonte ;

car ils ne pouvaient l'affiner, ne connaissant ni le charbon de terre, ni l'action de l'air chaud.

Dans le moyen-âge, le travail du fer était, par exception, si estimé, qu'un gentilhomme pouvait, sans dérogeance, être forgeron : ce qui explique pourquoi, dans les vieilles gravures, les forgerons sont représentés souvent, l'épée au côté. Cette exception en faveur du métal de Mars, qui sert à fabriquer les armes par excellence, est facile à comprendre à une époque où la guerre était elle-même considérée comme la plus noble de toutes les professions. La fabrication des armes était la principale branche industrielle de la France ; et Strasbourg, Mâcon, Autun, Soissons, Amiens, conservèrent longtemps la réputation dont leurs manufactures avaient joui sous les Gaulois.

Aujourd'hui, tout l'avenir des arts est lié au travail du fer. Une nation qui ne connaît pas le fer, ou qui ne l'emploie point, est une nation sauvage ; car, sans lui, point d'agriculture, point d'industrie, point de civilisation. Le fer est donc le véritable roi des métaux. La Suède, la France et l'Angleterre en possèdent les mines les plus riches. Si ce métal était plus rare, les seules mines de la Suède seraient plus productives que les mines d'argent du Pérou, que les mines d'or de la Californie.

CUIVRE.

Le Cuivre est rouge, ductile, malléable, tenace, excellent conducteur de l'électricité. Sa densité est 9 fois celle de l'eau. Plus fusible que le fer, il est moins fusible que l'argent. Ce métal, quoique très-commun, ne se présente presque jamais à l'état pur. Le frottement en dégage une odeur désagréable, et il a une saveur nauséabonde. On l'emploie rarement seul ; mais il forme avec différents métaux de nombreux alliages dont les qualités et les nuances sont très-variées : le cuivre blanc (avec l'arsenic), le cuivre noir (avec le fer), le cuivre jaune ou laiton (avec 0,33 de zinc), le chrysocale ou similor (avec moins de zinc), le bronze ou l'airain (avec des proportions différentes d'étain).

On appelle *clinquant* de petites feuilles de cuivre couvertes de vernis diversement colorés, et qui prennent ainsi l'apparence d'objets d'une grande valeur.

L'industrie profite de la parfaite sonorité de ce métal pour en fabriquer des instruments retentissants, des cordes harmoniques, des cloches, des timbres. La peinture lui doit, pour ainsi dire, ses couleurs vertes ; la physique et la chimie trouvent dans le cuivre l'un des éléments de la puissante pile de Volta ; la marine l'applique au doublage des vaisseaux pour les défendre du taret qui les mettrait bientôt hors de service, car ce testacé, creusant le bois pour s'y loger, détruit ainsi jusqu'aux digues de la Hollande. Dans les monnaies et la bijouterie, on se sert du cuivre pour donner à l'or et à l'argent une dureté convenable. Ailleurs, on le façonne en mille objets d'ornement et d'utilité, car il est docile au marteau et se coule assez bien ; et comme, à l'état de bronze, il se conserve mieux que la plupart des métaux, c'est cet alliage qui, sous forme de médaille, de statue, de monument, est chargé de transmettre à la postérité les personnalités illustres et les grands souvenirs.

L'*oxyde* de cuivre, dissolvant fort bien le coton, peut en constater ainsi la présence et les proportions dans les tissus mélangés de coton et de laine, ou de coton et de soie.

Le travail du cuivre n'est pas sans danger, parce que ce métal se volatilise aisément, et quoiqu'il ait le double avantage d'être d'un prix peu élevé et de pouvoir supporter une forte température, son usage dans les ustensiles de cuisine devrait être écarté. En effet, à froid, il est attaqué par les acides les plus faibles et devient alors *vert-de-gris*. Pour prévenir la formation de ce poison, d'autant plus dangereux qu'il ne se trahit ni au goût ni à l'odorat, on étame le cuivre, c'est-à-dire on le couvre d'une couche d'étain, qui le soustrait ainsi au contact des acides ; mais l'étamage exige une continuelle surveillance, et n'empêche pas qu'il ne fût beaucoup plus sage de renoncer à l'emploi du cuivre dans la préparation des aliments. En cas d'empoisonnement par le vert-de-gris, le malade devra prendre du blanc d'œuf délayé dans de l'eau froide.

Le cuivre est même vert-de-grisé par l'acide carbonique que contient l'atmosphère, et cette altération se manifeste encore dans les alliages où ce métal n'entre qu'en très-petite proportion. Le cuivre jaune est plus employé que le cuivre pur, parce qu'il est plus dur, plus éclatant, moins altérable et moins cher.

Pour constater l'emploi du cuivre dans les temps les plus reculés, il n'est besoin de parler ni du *serpent* de Moïse, ni du *lion* d'Athènes, ni du *colosse* de Rhodes, ni du *porte-voix* des acteurs grecs, ni des *monnaies* de Numa ; car on sait que, durci par la trempe ou converti en bronze, il tenait lieu chez les Anciens et de fer et d'acier. On le retirait alors principalement de l'île de Chypre, où était Paphos ; et c'est pour ce motif que les alchimistes l'appelèrent métal de Vénus. Les fouilles d'Herculanum prouvent que les Romains l'employaient à la fois et dans leurs monuments les plus somptueux et dans les ustensiles les plus grossiers, et qu'ils l'étamaient avec l'argent ; mais, pour juger seulement de tout le cuivre dont l'art statuaire avait orné la capitale du monde, rappelons, avec un de leurs auteurs, qu'il y avait dans Rome *un peuple de bronze qui égalait presque le nombre des citoyens.* Les statues, en effet, encombraient les places et les portiques, et on en comptait près de trois mille au seul théâtre de Scaurus. Au-dessus d'elles s'élevait avec majesté la colonne de Trajan, qui a servi de modèle à la colonne de Napoléon.

Quant aux fameux airain de Corinthe, c'était un alliage extrêmement complexe auquel il serait difficile de donner un nom bien exact, mais qui fut estimé longtemps à l'égal de l'or. Cet alliage se forma fortuitement, lors de l'incendie de cette ville célèbre, par la fonte des innombrables statues, vases et autres ornements qui en décoraient les temples, les lieux publics et les palais.

Mais que de nouveaux emplois du cuivre surgirent au moyen-âge, depuis l'horloge de *Don-*

dis jusqu'à la planche de *Finiguerra ;* depuis le *beffroi* de l'église jusqu'au *tamtam* de la mosquée ; depuis le *cor-de-chasse* féodal jusqu'au *canon* de Crécy !

Aujourd'hui, malgré les innombrables services du fer et de l'acier, la privation du cuivre laisserait encore un vide immense parmi les productions des arts les plus intéressantes ; et son utilité, au lieu de se restreindre, s'est étendue, quoique l'industrie dispose cependant de plusieurs autres métaux inconnus des Anciens. Comment citer, en effet, tous les emplois actuels de ce métal, depuis l'épingle exiguë, cet auxiliaire indispensable de la toilette, jusqu'au fil télégraphique, ce merveilleux chemin de l'électricité. Les premières épingles furent apportées d'Angleterre, en 1543. La consommation annuelle de ce petit produit s'élève annuellement à 75 millions de francs. Quant aux fils télégraphiques, c'est par économie que l'on substitue le fer au cuivre dans les lignes ordinaires.

Ajoutons enfin une application fort importante du cuivre pour la conservation des bois ouvrés qui doivent rester exposés à l'air, comme les échalas, les tuteurs, les pieux, les treillages. Pour les rendre presque inaltérables, il suffit de les immerger durant quelques jours dans une dissolution de sulfate de cuivre. Mais n'oublions pas que tous les composés de cuivre sont vénéneux. Elle est donc bien coupable la fraude qui consiste à colorer ainsi certains comestibles : les cornichons, quand ils ont été jaunis par le temps ; les huîtres, quand on veut leur prêter les apparences d'huîtres vertes, afin d'en surfaire le prix. Pour reconnaitre la fraude dans ces deux cas, il suffit de faire pénétrer une aiguille dans le cornichon ou dans l'huître, après les avoir inondés de vinaigre, et le cuivre ne tarde pas à se fixer sur l'aiguille, avec sa couleur naturelle, c'est-à-dire rouge.

Les contrées les plus riches en cuivre sont : l'Angleterre d'abord, puis la Russie, qui fournit le plus pur. La France en possède plusieurs mines ; mais la plupart ne sont pas exploitées, et la seule peut-être qui mérite d'être citée est celle de Chessy (Rhône). C'est ce qui nous rend si précieuse la riche mine de cuivre de Mouzaïa (Algérie).

PLOMB.

Le Plomb est d'un gris éclatant, mais qui se ternit promptement au simple contact de l'air. Il a peu de dureté, de ténacité, de ductilité. On ne peut guère le trouver à l'état pur, puisqu'il se combine si facilement avec l'oxygène. Il fut de tous les métaux le moins estimé des alchimistes, qui lui donnèrent le nom de Saturne. On ne l'emploie guère à l'état pur. Sa densité, qui est onze fois celle de l'eau, le place, sous le rapport de la pesanteur, après le mercure, l'or et surtout le platine. Mais cette densité suffit pour le rendre le plus propre à servir de projectile, en ayant égard surtout à son abondance et à sa fusibilité qui permettent aussi de l'appliquer à un grand nombre d'usages. Il s'allie d'ailleurs facilement aux autres métaux. Il est trop mou pour être sonore, mais il est très-malléable.

Sur lui repose toute l'industrie du plombier, qui le façonne en tuyaux, en plaques, en balles, en grenaille. Mais on avait cherché longtemps à souder ce métal avec lui-même, sans alliage et par la seule fusion, lorsque M. Desbassyns a résolu très-nettement le problème par un dard de flamme qui devient ainsi pour l'opérateur un véritable *outil de feu*. Suffisamment comprimé, le plomb peut, par des orifices latéraux, passer à la manière du macaroni, et forme ainsi des tuyaux cylindriques d'une longueur indéfinie et d'une parfaite régularité. Ces tubes, à cause de leur souplesse, sont commodes surtout pour conduire le gaz de l'éclairage. Quant à la fabrication de la grenaille, il importe d'ajouter une très-petite proportion d'arsenic ; car le plomb, s'il était seul, ne se détacherait pas du tamis par globules, mais passerait en filets.

La métallurgie se sert du plomb pour épurer l'argent ; l'imprimerie lui doit en grande partie ses caractères, et la peinture, quelques couleurs : la belle couleur blanche nommée céruse, la couleur rouge ou minium. La chimie ne pourrait, sans le plomb, fabriquer en grand l'acide sulfurique ; car l'usage du platine serait ici beaucoup trop cher. La pharmacie utilise quelques-unes de ses propriétés. Enfin l'optique lui doit de brillants effets de lumière, et l'astronomie surtout la perfection de ses instruments ; car, uni au verre en proportion convenable, le plomb l'élève à l'état de cristal, c'est-à-dire le rend plus beau, moins fragile, plus facile à tailler. Il peut ainsi réfracter, disperser les rayons lumineux, de manière à produire les couleurs étincelantes des pierres précieuses.

Les composés du plomb ont une saveur légèrement sucrée, ce qui peut le rendre dangereux pour les enfants dans les boîtes de couleurs, dans le fard des poupées, dans le glacé des cartes de visite.

L'eau qui passe par un simple robinet de plomb est empoisonnée. Ajoutons que les seules vapeurs de ce métal, respirées habituellement, ne sont pas sans danger.

Le plomb se noircit au contact du soufre. C'est ainsi que s'explique l'action des peignes de plomb sur les cheveux, dont il fonce un peu la couleur en se combinant avec les vapeurs légèrement sulfureuses qui se dégagent de la tête.

Quant à l'expression *mine de plomb* ou *plombagine*, que le langage vulgaire applique au crayon, nous avons dit, en parlant du carbone, combien elle est impropre. Le crayon ne contient pas un atome de plomb : seulement il laisse sur le papier une trace qui a la couleur de ce métal.

Le plomb fut peu employé chez les Anciens, quoiqu'il ait été connu dès la plus haute antiquité. Il forme aujourd'hui une des principales richesses de l'Espagne, de l'Angleterre et de l'Allemagne. Les mines de plomb du Finistère sont les exploitations métalliques les plus considérables de la France.

ÉTAIN.

L'Etain a presque la blancheur de l'argent, mais il perd bientôt son éclat au contact de l'air. Il n'a que cinq fois le poids de l'eau ; il développe une odeur désagréable, quand on le frotte, et produit un cri, quand on le tord. La nature ne le présente jamais à l'état complet de pureté. Ses alliages cependant sont peu nombreux; il se combine fort bien avec le cuivre pour former le bronze, et avec le fer pour constituer le fer-blanc. Dans cette dernière combinaison, qui s'opère aisément, l'étain fondu pénètre le fer peu à peu, s'unit à lui, et cristallise en se refroidissant. C'est à cette cristallisation qu'est dû le moiré. Seulement, comme la couche extérieure, brusquement surprise par le froid, n'a pu cristalliser que d'une manière confuse, il faut, pour que le moiré se manifeste, détruire par un acide cette pellicule d'étain, et mettre ainsi à découvert les couches intérieures qui ont cristallisé régulièrement, et qu'on recouvre ensuite d'un vernis transparent. L'étain n'est pas attaqué par les acides végétaux, et s'applique facilement sur le cuivre; cette double circonstance le rend très-utile pour l'étamage de quelques ustensiles de cuisine. Cet étamage, toutefois, serait plus durable et plus beau, si on alliait ce métal à une petite proportion de nickel et de fer qui lui donnent, en effet, plus d'éclat et plus de dureté. Cet alliage serait surtout bien utile pour étamer la fonte, sùr laquelle l'étain pur ne s'applique que difficilement. Uni à l'oxygène, ce métal forme un acide appelé stannique, dont se sert la teinture pour donner à la couleur écarlate une extrême vivacité. Mais la plus belle attribution de l'étain, peut-être, consiste dans l'étamage des glaces ; car, adhérent au verre par l'intermédiaire du mercure, il forme cette feuille métallique qui donne au miroir sa propriété réfléchissante.

Le potier d'étain, après avoir durci ce métal par une certaine quantité de bismuth, le travaille sous différentes formes, toutes plus ou moins utiles et d'un prix modéré. Toutefois, cette branche d'industrie eut plus d'importance encore au moyen-âge, époque à laquelle l'argenterie se montrait à peine sur les tables les plus somptueuses ; car aujourd'hui, pour la vaisselle, l'argent, en grande partie, remplace l'étain, comme l'étain lui-même a remplacé le bois. Les alchimistes l'appelèrent Jupiter. Chez les Anciens, il fut presque exclusivement employé comme élément du bronze et de l'airain, composés métalliques qui jouent un si grand rôle dans leurs armes de guerre et dans leurs monuments ; et son exploitation fut une des principales richesses commerciales des Ty-

riens. Leurs navires allaient le chercher secrè-
tement dans le Cornouailles, et préféraient même s'abimer que de laisser voir aux autres peuples le but de leur expédition. Aujourd'hui, ce
sont les mines de Cornouailles qui fournissent
encore la plus grande quantité de ce métal ;
mais celui de la presqu'île de Malacca est le
plus estimé. Jusqu'en 1806, la France n'en pos-
séda même pas une seule mine ; et depuis, elle
a dù rester, sous ce rapport, tributaire de l'é-
tranger, quoique ses deux mines de Vaulry et
de Piriac offrent un étain de qualité remarquable.

ZINC.

Le Zinc, métal d'un blanc bleuâtre, d'une
texture lamelleuse et miroitante, n'était encore
connu que des Chinois avant le XVIe siècle. Il
est cependant très-répandu dans la nature,
mais toujours à l'état de combinaison, et particulièrement avec l'oxygène sous le nom de ca-
lamine. La chaleur le rend malléable, et c'est
ainsi qu'il est devenu pour les arts une conquête
importante. Ce métal est éminemment combustible, et comme il peut se volatiliser, il jette alors
une flamme très-vive, circonstance dont s'est
emparée la pyrotechnie pour produire ses
beaux effets de lumière et ses étoiles éblouis-
santes.

Laminé, le zinc sert à doubler les bassins, les baignoires, car le prix n'en est pas élevé. Moins lourd que le plomb, il lui est préféré surtout pour couvrir les édifices ; mais, comme il a l'inconvénient d'être très-dilatable, on le coupe en ardoises afin qu'il puisse tour à tour, et sans se déchirer, céder aux influences contraires du jour et de la nuit. Il n'exige dans les toitures que la faible pente nécessaire à l'écoulement des eaux ; il permet par conséquent, car il est solide quoique léger, d'établir des charpentes gracieuses, dégagées, économiques, au lieu de ces charpentes hautes, massives et dispendieuses que nécessitent le plomb, l'ardoise et surtout la tuile.

Ce métal contracte aisément des propriétés vénéneuses, et ne peut, pour ce motif, être employé dans l'économie domestique. Elle est donc bien criminelle, la fraude qui souvent le substitue à l'étain dans l'étamage du cuivre ! Heureusement, pour la mettre à découvert, il suffit de faire bouillir du vinaigre dans le vase suspect : car le zinc est attaqué par cet acide, qui n'a pas d'action sur l'étain. Toutefois comme il est moins dangereux que le plomb, on tend à le substituer à ce métal dans la composition des couleurs et dans la fabrication des cristaux.

Rappelons aussi que le zinc, uni au cuivre, forme le laiton et le chrysocale ; et que sa propriété la plus remarquable est de constituer avec ce métal l'appareil électrique, que nous connaissons déjà sous le nom de pile de Volta.

Le zinc ne fut pas individuellement connu des Anciens. Paracelse, en Europe, fut le premier chimiste qui parvint à l'isoler, en 1541 ; mais ce n'est que dans ces derniers temps qu'on en a bien développé les propriétés. Encore nouveau dans le commerce et l'industrie, ce métal s'applique déjà aux plus grands travaux comme aux objets les plus usuels. La consommation s'en accroît graduellement. La France en présente quelques minerais épars, et l'Angleterre en possède de puissantes couches ; mais la plus célèbre et la plus riche des mines est celle de la *Vieille-Montagne*, près d'Aix-la-Chapelle.

ARGENT.

L'Argent est le plus blanc de tous les métaux, et, après l'or, le plus malléable. Sa belle couleur, qui n'éprouve aucune altération au contact de l'air ni de l'eau, permet de le reconnaître immédiatement. Il se présente quelquefois à l'état pur, mais le plus souvent à l'état de combinaison. Il est plus fusible et moins pesant que l'or, et s'allie fort bien avec lui, ainsi qu'avec le cuivre, offrant même cette particularité remarquable, qu'une grande proportion de ces métaux ne lui fait pas perdre sa couleur ; il prend un poli très-brillant que ne ternit pas le toucher ; mais il est vivement attaqué par l'acide azotique que le commerce appelle *eau forte*, et devient alors un agent très-actif qu'on nomme *pierre infernale*.

Uni à l'azote lui-même, il forme une combinaison fulminante qu'on ne peut guère manier sans péril.

En s'unissant avec le soufre, l'argent devient noir, et telle est l'altération que présente bien vite notre argenterie quand on la plonge, à chaud, dans le jaune d'œuf, qui contient, en effet, une assez grande proportion de soufre.

Ce métal, que les Anciens estimaient encore plus que nous, et que l'Europe du moyen-âge put employer si rarement, reçut des alchimistes le nom de la lune, dont il semble avoir tout l'éclat. Il fut toujours, avec l'or, l'attribut de l'opulence, lui fut associé dans les prohibitions des lois somptuaires, et partage avec lui, quoique d'une manière secondaire, le privilége d'être le signe représentatif de toutes les va-

leurs chez tous les peuples civilisés. Mais,
comme l'or, il doit être durci par une certaine
quantité de cuivre, dont les limites sont dé-
terminées par la loi, et garanties par le contrôle. L'orfèvre le façonne aujourd'hui avec
autant de grâce que de magnificence, et,
comme le prix en reste accessible à toutes les
fortunes, l'argent se substitue à l'étain dans
les maisons les moins riches, et fournit ainsi à
l'économie domestique une vaisselle propre,
saine et solide. Cette amélioration sociale est
due à la découverte de l'Amérique. Depuis trois
siècles, cette partie de la terre a fourni une
telle masse d'argent qu'on en pourrait former
une sphère de 14 mètres de rayon. C'est en
effet au sein des Andes, au milieu de ces frimas
éternels de l'équateur, que la nature a caché
ce métal ; dans ces montagnes prodigieuses
d'où descendent avec majesté, d'une part,
l'Amazone, roi des fleuves, et, d'autre part, la
Plata, ou rivière d'argent. Quelques filons s'en
montrent çà et là dans notre Europe, notamment dans la Saxe, en Norwége, à Guadalcanal,
cette mine espagnole si riche du temps des
Romains, mais aujourd'hui presque épuisée.

On présume que les Alpes et les Pyrénées
doivent recéler des mines de ce métal ; mais,

jusqu'à présent, nous n'exploitons que quelques mines de plomb argentifère, principalement dans la Bretagne, qui est comme le Cornouailles de la France.

OR.

L'Or se signale d'abord par sa belle couleur jaune ; il se présente dans la nature presque toujours à l'état pur. Il n'a ni odeur ni saveur, et ne salit pas la main qui le travaille. Sa densité est plus de dix-neuf fois celle de l'eau. Il est inaltérable à l'air, à l'eau et au feu ; mais, vivement attaqué par le chlore, il forme avec ce gaz des composés très-actifs que les médecins n'emploient qu'avec réserve. Il est le plus ductile et le plus malléable des métaux. On l'étire en fils dont la ténuité surprend l'imagination elle-même, et que le brodeur unit fort gracieusement à la soie. La traction nécessaire pour les passer à la filière limite seule leur finesse, parce qu'ils deviennent trop faibles pour y résister, quoique l'or ait une ténacité fort remarquable. On peut l'étendre aussi en feuilles si minces qu'elles se balancent au moindre souffle, légères comme le duvet, quoique l'or soit, après le platine, le plus pesant de tous les corps. Cependant il conserve encore, ainsi réduit, une complète opacité : double circonstance qui lui permet de s'appliquer sur des objets grossiers qu'il revêt ainsi de tout son éclat.

Il s'allie avec tous les métaux, mais particulièrement avec le mercure, et c'est à la faveur de cette grande affinité qu'on exploite les minerais ou les sables aurifères. Pour en retirer l'or, en effet, on lave le sable ou le minerai dans le mercure, qui d'abord dissout l'or, et puis l'abandonne par la distillation. Cette opération constitue le lavage des orpailleurs.

L'or, pour se fondre, exige une assez haute température ; mais il peut être volatilisé par l'étincelle électrique, et produit alors un nuage de belle couleur pourpre. Toujours, lorsqu'il est très-divisé, il reproduit cette même couleur, mais avec des nuances qui varient selon le degré de divisibilité ; et c'est ainsi que sont colorés, dans les arts, la porcelaine, le verre et les émaux.

L'or, principalement employé pour les monnaies, la bijouterie, l'orfèvrerie et la joaillerie, ne pourrait conserver assez bien les empreintes et les formes délicates qu'il reçoit, s'il n'était durci par l'alliage de cuivre, qui exalte aussi sa couleur. Mais, comme il importe que, sous prétexte de donner à l'or la dureté qui lui manque, la fraude n'y ajoute pas cependant une trop grande quantité de cuivre, le gouvernement intervient pour garantir, par le *contrôle*, qu'on a rempli les conditions propres à concilier la solidité du bijou avec sa valeur intrinsèque.

Pour constater le degré de pureté de l'or, c'est-à-dire son titre, on l'essaye, et le principal agent de cette vérification est l'acide azotique (*eau forte*), qui n'a pas d'action sur l'or, tandis qu'il s'empare du cuivre. La séparation des deux métaux est ainsi opérée, et l'on compare leurs proportions respectives. Toutefois, comme cet essai demande une couple d'heures, les bijoutiers ont un moyen plus expéditif, mais beaucoup moins rigoureux. Ce procédé consiste à frotter le bijou sur un silex noir que l'acide ne peut attaquer, et qu'on appelle *pierre de touche*. On obtient ainsi, à la surface de cette pierre, un trait plus ou moins délié, sur lequel on passe l'acide. L'or reste jaune, le cuivre devient vert, et la nuance plus ou moins verdâtre que présente le trait détermine à peu près, pour un œil exercé, les quantités proportionnelles de l'alliage. Dans les monnaies, les proportions sont 0,9 d'or et **0,1** de cuivre; dans les bijoux, la proportion de cuivre est plus forte.

L'or fut connu dès la plus haute antiquité : car les pépites, c'est-à-dire les petites masses naturelles d'or pur, durent d'abord frapper par leur riche reflet. Les alchimistes lui donnèrent le nom d'Apollon, parce qu'il a la couleur du soleil; ils l'appelèrent aussi le roi des métaux, parce qu'ils le regardaient comme la matière métallique portée au suprème degré, vers lequel tendaient tous les autres métaux; de telle sorte que, dans cette hypothèse, en épurant un métal quelconque, on devait l'amener à l'état d'or. La science doit cependant beaucoup aux patientes recherches des alchimistes; car elle a profité de nombreuses vérités que leur fit rencontrer le hasard qui joue toujours un si grand rôle dans tous les genres de découvertes. L'or fut peu rebelle à l'industrie; aussi le voyons-nous briller sous toutes les formes, mais toujours précieux, et rachetant par sa propre valeur les imperfections mèmes de l'art. Avouons cependant que la gastronomie romaine l'égara dans l'emploi le plus inattendu, le plus bizarre; et c'est ainsi qu'au XIVe siècle encore, on couvrait de poudre d'or tous les mets, luxueux usage que la Provence tenait de Rome payenne et qu'elle transmit au reste de la France.

L'or réunit surtout les conditions qui le font préférer pour les monnaies, et l'on conçoit sans peine que les hommes aient dû choisir ou accepter comme signe représentatif de toutes les valeurs, un métal si peu altérable et si beau, qui, n'étant pas trop commun, présente une valeur suffisante sous un petit volume, et qui, mis en poussière, conserve encore presque tout son prix. Avant la découverte de l'or, les relations commerciales n'étaient, pour ainsi dire, que des échanges ; mais cette façon de commercer était hérissée d'inconvénients : deux nations, en effet, pouvaient n'avoir que les mêmes produits, et ces produits étant supposés de nature différente, l'appréciation relative en était difficile dans les affaires en grand, et devenait impossible dans le détail. La vente fut véritablement connue, dès que l'or fut adopté pour servir d'intermédiaire. Seulement, comme chacun était obligé de porter sur soi des balances pour régler au poids de ce métal le payement des marchandises, on se délivra de cet assujettissement en l'employant sous forme de petites pièces appelées *monnaie*, d'un mot latin qui signifie *avertir*, parce que chacune de ces pièces témoigne par elle-même de son poids et de sa pureté. L'histoire des monnaies serait pleine d'intérêt sans doute, mais nous éloignerait beaucoup trop de notre sujet. Qu'il nous suffise de dire ici que l'altération des monnaies fut toujours une calamité publique, et que la France est aujourd'hui le pays du monde qui possède la plus grande masse du signe représentatif. Le numéraire en circulation y dépasse effectivement la somme de trois milliards, et la somme totale du numéraire en Europe et en Amérique n'est pas de neuf milliards.

L'Amérique est encore le pays qui fournit le plus d'or. Cependant aux mines du Mexique, du Brésil et de la Californie, s'ajoutent, pour une grande part, les mines de l'Oural et celles de l'Australie.

PLATINE.

Le platine est moins blanc que l'argent, mais il est moins altérable que l'or. De tous les métaux, il est le plus pesant, car sa densité est vingt-deux fois celle de l'eau ; il est de tous aussi celui qui se dilate le moins par la chaleur ; et, comme il suit dans sa dilatation la marche la plus régulière, il est, par cela même, plus spécialement propre à former des pièces délicates d'horlogerie, et surtout des mesures de toute espèce. C'est ainsi qu'il servit à faire les étalons du *mètre* et du *kilogramme* présentés à l'Institut en 1800. On ne peut le fondre qu'en s'aidant de moyens extraordinaires, et cette circonstance encore est inappréciable pour la confection des creusets, qui, résistant à de très-hautes températures, donnent au chimiste la possibilité de réaliser des expériences qui furent si longtemps impraticables. Il n'est attaqué que par le chlore ; il serait dont infiniment supérieur à l'étain pour l'étamage des ustensiles de cuisine. On l'utilise quelquefois pour en recouvrir d'une couche très-mince la surface des porcelaines, qui ont ainsi le reflet de l'acier avec le caractère d'une parfaite inaltérabilité. Son extrême dureté, qui lui permet de recevoir un poli parfait, le rend précieux pour la fabrication des miroirs télescopiques ; par sa malléabilité, il offre un excellent moyen de le mettre en œuvre, et déjà même il a pris, sous le marteau, des formes variées, car il se soude directement comme le fer. Mais, tandis que, brut, il est moins cher que l'argent ; fabriqué, il acquiert un prix qui se rapproche de celui de l'or. Quand il est très-divisé, il présente une propriété fort singulière. En effet, au contact de l'hydrogène, il s'échauffe alors en condensant ce gaz, et ne tarde pas à l'enflammer. Enfin le platine, parmi les métaux, réunirait le plus de qualités utiles, s'il était plus abondant et surtout moins difficile à réduire, c'est-à-dire à obtenir véritablement pur ; mais il se trouve toujours combiné dans la nature avec quatre métaux rares, dont il n'est séparé qu'avec peine : le Rhodium, le Palladium, l'Irridium et l'Osmium.

Découvert seulement en 1741 au Pérou, par le Portugais Ulloa, ce métal fut d'abord appelé *or blanc*, puis *platine* ou petit argent. S'il eût été contemporain de l'alchimie, les expériences n'auraient certainement pas été épargnées pour l'élever au moins à l'état d'argent. Les Péruviens et les Espagnols eux-mêmes le rejetèrent longtemps avec dédain ; mais la science est venue lui assigner une grande valeur, dès qu'elle a pu le mettre à notre service et nous en faire apprécier ainsi les qualités. C'est encore le Pérou qui fournit, avec la Russie, tout le platine employé en Europe et en Amérique ; mais les mines de l'Oural paraissent être plus puissantes que celles des Andes.

MERCURE.

Le mercure a tout l'éclat de l'argent, et il est peu altérable. C'est le seul métal liquide à la température ordinaire; mais il peut, comme l'eau, être solidifié par le froid (— 40°) et vaporisé par la chaleur (+ 360°). On le trouve quelquefois à l'état de pureté, le plus souvent à l'état de sulfure, c'est-à-dire combiné avec le soufre. Ce sulfure offre même un exemple remarquable des différentes couleurs que peut revêtir une substance par sa seule division extrême, et sans que sa nature soit changée. Ainsi ce corps, pris en masse, est noir; vaporisé, il devient rougeâtre sous le nom de *cinabre;* et le cinabre pulvérisé devient d'un rouge rutilant, car c'est le *vermillon,* couleur si recherchée pour la peinture.

Le mercure n'a ni odeur ni saveur, mais l'exploitation de ses minerais est dangereuse, parce que, se réduisant facilement en vapeur, il pénètre ainsi jusqu'aux poumons par les voies aériennes. Sa dilatation par la chaleur est, dans certaines limites, assez régulière pour qu'on ait dû le préférer dans la construction du *thermomètre;* et sa densité, qui est treize fois et demie celle de l'eau, est plus précieuse encore pour la construction du *baromètre.* Comme il ne mouille pas le verre, on comprend que, dans l'un et dans l'autre de ces deux instruments, il se meut avec une extrême facilité. Sa double propriété de se combiner aisément avec l'or et l'argent, et puis d'en pouvoir être isolé par une simple distillation, le rend très-utile pour la métallurgie de ces métaux.

Dans les arts, le mercure est surtout employé pour l'étamage des glaces, opération qui consiste à appliquer sur le verre une feuille d'amalgame d'étain (combinaison de mercure et d'étain); car l'étain seul n'adhèrerait pas. Cette surface métallique forme le véritable miroir; c'est elle, en effet, et non le verre, qui réfléchit les images.

Le mercure forme avec l'acide *fulminique* un composé dont la fulmination est si spontanée, si terrible, qu'aucune arme n'y pourrait résister, si on ne l'atténuait, d'abord en n'employant qu'une petite quantité de cette poudre fulminante, et puis en la dispersant même parmi de la poudre ordinaire. Une application importante en a été faite dans les armes à feu : le fusil à percussion ou à capsule remplace le fusil à silex. La capsule est une enveloppe dans laquelle on renferme un peu de fulminate de mercure. On le manipule humide, et alors il n'y a pas grand danger, car l'eau éteint la chaleur et divise les particules du composé. Pour déterminer l'explosion, il faut un choc sec, c'est-à-dire de deux corps durs l'un contre l'autre. Le frappement suffit, quoique le fulminate de mercure soit entremêlé de poudre qui établit la solution de continuité. La capsule coiffe la cheminée, petit cylindre en acier qui, rempli de poudre, conduit la flamme dans l'intérieur du fusil. Ce mode est préférable à celui du silex. On obtient mille coups sans rater, sans avoir à craindre ni l'humidité, ni la cassure, ni la déviation.

Chez les Grecs, le mercure était appelé *eau-argent*, et chez les Romains *vif-argent;* les alchimistes le nommèrent *mercure*. Ce métal était pour eux de l'argent liquide, qui ne demandait qu'à être chauffé longtemps pour se concentrer et prendre la densité propre de l'argent. Leur espoir ici fut extrême, et le temps manqua plutôt à leurs expériences que la patience à leurs efforts.

Almaden (Espagne), Idria (Autriche) et le Pérou possèdent les mines les plus riches de mercure.

IV. PIERRES.

Les *Pierres* sont des minéraux solides, incombustibles, infusibles. Ces trois propriétés les distinguent nettement des gaz, des combustibles et des métaux. La minéralogie distribue les pierres en groupes nombreux selon leur composition chimique, c'est-à-dire selon les éléments dont elles sont composées, comme aussi d'après les formes cristallines qu'elles affectent. Mais, dans les applications de l'industrie, l'influence de cette classification strictement scientifique ne se fait presque point sentir. Nous les étudierons donc d'après la substance qui leur sert de base, et à laquelle elles doivent principalement leurs propriétés utiles.

SILICE.

La *silice* est le plus abondant de tous les minéraux qui composent l'écorce terrestre ; elle en constitue en effet plus de la moitié. Mais elle ne se trouve guère à l'état de pureté, ni dans la nature, ni dans les arts. On l'appelle *sable*, *grès*, *silex* ou *cristal de roche*, selon qu'elle se présente sous forme de petits grains isolés, de petits grains en masse, de cristaux confus ou de cristaux géométriques.

Le sable, sous la main de l'homme, se change tour à tour en verre, en vitre, en glace, en cristal. L'opération principale consiste à vaincre son infusibilité par l'action de la soude ou de la potasse. Le sable entre alors en fusion à une haute température, et se vitrifie par le refroidissement ; mais on profite de son état fluide pour le souffler en verre ou en vitre, et pour le couler en glace ou en cristal. Le verre à bouteille est coloré et moins transparent que le verre à vitre, parce que les matières premières en sont moins choisies, moins épurées. Une *glace* est une lame de verre derrière laquelle on applique une feuille métallique destinée à réfléchir les images ; on l'appelle *miroir*, quand elle a de petites dimensions. Le cristal artificiel, qu'il ne faut pas confondre avec le cristal de roche, est un verre auquel on a ajouté une certaine quantité de plomb, qui lui donne plus de consistance, de blancheur et de solidité.

Le grès est employé pour le pavage des rues et pour les constructions ; l'industrie lui doit une infinité de vases et surtout la pierre à aiguiser.

Le silex, dans ses variétés, nous offre la pierre meulière, la pierre à feu, l'agate et l'opale. L'agate est le silex à pâte fine ; elle jouit d'une translucidité douce et moelleuse qui plaît beaucoup. L'opale, si riche en reflets, ne doit sa beauté qu'à la présence de l'eau ; l'action du feu la réduit en pierre laiteuse.

Le cristal de roche, ou quartz, est d'une limpidité parfaite, propriété qui lui fit donner par les Anciens le nom de *cristal*, c'est-à-dire *eau congelée :* le nom de cristal s'est étendu depuis à tous les minéraux qui se présentent, comme le quartz, sous des formes géométriques régulières. Il est rarement incolore ; mais de tous les quartz colorés, la joaillerie n'emploie guère aujourd'hui que l'améthyste, dont le prix s'élève infiniment, quand sa teinte est d'un beau violet pourpré. Le cristal de roche servait à faire, chez les Anciens, des objets d'ornement et de luxe ; nous citerons notamment les deux coupes précieuses que Néron brisa dans son désespoir. Jusqu'au XVIe siècle encore, on exécuta des ouvrages remarquables en cristal de roche ; mais, à cette époque, furent inventés ces cristaux artificiels qui l'ont remplacé avec autant d'effet que d'harmonie, et peut-être le seul chef-d'œuvre du genre qui subsiste en ce moment est la statue de Bouddha dans le temple de Candy, monolithe curieux où la lumière se joue et se divise en mille couleurs.

La silice constitue en grande partie une substance fibreuse, l'*amiante* ou *asbeste*, qui est une des plus singulières productions de la nature. En effet, sa texture filamenteuse, son éclat souvent soyeux, la facilité avec laquelle on isole ses fils, et leur inaltérabilité complète au feu de nos foyers, en font pour la science et pour les arts un minéral fort remarquable. Les Anciens savaient tisser l'amiante, qu'ils retiraient des environs de Caryste, ville de l'île d'Eubée, et c'était dans ces toiles incombustibles qu'ils brûlaient les corps des grands pour conserver leurs cendres pures et séparées de celles du bûcher. Ces toiles étaient fort chères, parce que l'amiante, aujourd'hui très-commun, était alors fort rare et que son travail était assez difficile. La bibliothèque du Vatican possède, du reste, un bel échantillon de toile d'amiante, qu'y fit déposer le pape Clément XI, et qui avait été trouvé dans une urne funéraire; mais, pour rappeler un souvenir historique, ajoutons que, de cette substance terreuse et textile, furent faites notamment les serviettes incombustibles dont s'amusèrent, à quinze siècles de distance, deux empereurs qui n'étaient guère hommes de loisir : Néron et Charles-Quint. Toutes les préparations de l'amiante consistent, pour ainsi dire, à le laver dans de l'eau ordinaire, ou à le passer par le feu pour le débarrasser des matières hétérogènes dont il peut être souillé. En Chine, on en façonne des fourneaux à thé, qui résistent mieux au choc et au feu. Toutefois, c'est en Italie

que le travail de l'amiante a le plus de succès :
on en fabrique du papier incombustible, des
mèches qui jamais ne se consument, des vêtements pour garantir les pompiers au milieu des
flammes. Mais, dans un incendie, le danger le
plus à craindre peut-être, c'est l'asphyxie.

La silice entre encore dans la composition
d'une substance minérale appelée *mica*, qui se
présente en feuilles minces, diaphanes, flexi-
bles, élastiques. Le mica remplace le verre à
vitre, particulièrement en Laponie ; il pourrait
lui être substitué avec avantage dans les vaisseaux de guerre, où une explosion vive peut
mettre le verre en éclats.

Mais, de tous les composés que nous devons
à la silice, le plus précieux assurément est le
verre : matière dure, fragile, transparente, qui
ne se laisse rayer presque que par le diamant,
et n'est attaquée que par l'acide *fluorhydrique*.
Il peut supporter, sans se fondre, une très-
haute température ; mais, s'il est brusquement
surpris par la chaleur, il se casse à moins qu'il
n'ait de très-minces parois. Son utilité dans les
arts est aussi essentielle que variée. Sous forme de cristal, le verre fournit à l'économie domestique des récipients commodes et gracieux ;
sous forme de glace et de vitre, il agrandit,

nos demeures à la fois et les décore ; sous forme de lentille, il soulage ou corrige la vue ; ou bien, modifié lui-même dans ses courbures et dans ses dimensions, il nous ouvre à notre gré le monde stellaire et le monde microscopique, c'est-à-dire l'infiniment grand et l'infiniment petit. La science lui demande une foule d'instruments d'autant plus avantageux, que leur parfaite transparence permet au regard d'y surveiller les phénomènes, et de les voir ainsi nettement s'accomplir. On profite encore de sa diaphanéité pour en fabriquer une espèce de tuiles qui sont d'un très-grand secours dans les constructions où, faute d'ouverture latérale, la lumière ne peut être admise que par le haut. Sa sonorité a permis aussi d'en faire des cloches qui tintent fort bien. Il est de tous les corps le moins perméable à l'électricité. Sans le verre, la chimie serait au dépourvu ; la physique, imparfaite ; l'astronomie, dans l'enfance ; sans le verre, Newton n'eût pas analysé les couleurs prismatiques dont la lumière blanche se compose, et nous ne saurions pas que les corps dont nous admirons le plus les nuances n'ont cependant pas de couleur qui leur soit propre. La chimie, dont le verre est une des plus belles conquêtes, en augmente à son tour la valeur et l'éclat par les diverses couleurs dont elle a trouvé le secret de le pénétrer, de l'enrichir. Le verre ainsi coloré se nomme *strass*, et fournit à la joaillerie des pierres artificielles, qui ont aujourd'hui toute la dureté, toute la splendeur des gemmes naturelles, et qui constituent ainsi des parures fort belles et peu coûteuses, en imitant le grenat, l'émeraude, la topaze, le saphir, le rubis et le diamant lui-même.

Ignoré des peuples antiques, car il eût été pour leurs poètes le sujet de plus d'une allégorie, le verre, connu peut-être à l'époque d'*Aristote*, le fut certainement au temps de *Pline,* qui raconte même qu'à Rome on commença, sous Tibère, à le fabriquer. Cet art, né à Sidon, et dans lequel bientôt Alexandrie n'eut pas de rivale, avait déjà produit des chefs-d'œuvre que l'histoire ne mentionne qu'avec surprise. Ainsi, Claudius fait l'éloge de l'admirable sphère céleste d'Archimède, ouvrage de verre si célèbre chez les Anciens. Pline rapporte que l'édile Scaurus fit élever un théâtre dont la scène était composée de trois ordres : le premier, de marbre ; le second, de verre ; le troisième, de bois doré. Clément d'Alexandrie raconte que *saint Pierre,* visitant avec ses disciples un temple de l'île d'Aradus (dans le golfe Persique), fut plus émer-

veillé encore des immenses colonnes de verre
dont ce temple était orné que des statues mêmes dont *Phidias* l'avait embelli. Tous ces monuments étaient peut-être non en verre, mais
en cristal de roche, que les Anciens savaient
scier et tailler sous tant de formes.

Quoi qu'il en soit, plusieurs siècles durent
s'écouler avant que l'art de fabriquer le verre
pût atteindre la perfection à laquelle il est aujourd'hui parvenu. Longtemps même, le progrès
fut retardé par l'incertitude des procédés à suivre et des proportions à établir : ainsi, les vitres remarquées à quelques maisons d'Herculanum, ville de plaisance pour les familles patri-
ciennes, sont d'un verre massif et coloré. Les
traditions de l'art faillirent ensuite se perdre
à l'invasion des peuples du Nord, devant lesquels l'industrie de l'Europe s'enfuit sans trouver, comme l'instruction, un refuge dans les
cloîtres. Ainsi, nous voyons la serge et le papier huilé y tenir lieu de vitres jusqu'au XIIe siècle. Enfin, l'art du verrier reparut d'abord en
Italie, puis en France, puis en Angleterre, et
fut si considéré, que cette branche d'industrie
partagea seule, avec celle du fer, le privilége de
pouvoir être exercée par un gentilhomme. Les
premières vitres étaient petites, rondes et

liées par des morceaux de plomb. Cependant, à l'art de fabriquer le verre, s'ajouta bientôt l'art de fixer à sa surface, avec le secours du feu, des couleurs minérales. On ignore le pays natal de la peinture sur verre, qui prit d'abord un caractère exclusivement religieux, et qui florissait aux XIIIe, XIVe et XVe siècles. En France, Jean Cousin et Pinaigrier rivalisèrent, du temps du Primaticcio, avec les plus célèbres artistes de l'école italienne. Vers la fin du XVIe siècle, commença la décadence de cet art, qui fut presque oublié dans le XVIIIe siècle, et qui renaît aujourd'hui ; circonstance d'autant plus heureuse que certains tableaux ne peuvent être bien rendus qu'à l'aide d'un corps diaphane, à travers lequel la lumière solaire vient rehausser l'éclat des couleurs, et donner à la peinture de la vie presque et du mouvement. Durant plusieurs siècles, Venise eut le monopole de la fabrication des glaces, et le mérita par la supériorité de ses produits.

Quant au verre de Bohème, il doit ses qualités supérieures à l'excellence même des matières premières que la nature a réunies sur ce point de l'Europe : le sable, la *potasse* et le calcaire de Moravie. Dans le verre de France, la *soude* remplace la potasse qui est d'un prix plus élevé. Le verre à bouteille contient de l'oxyde de fer.

On colore le verre en rose par l'oxyde de chrôme ; en rouge, par l'oxyde de cuivre ; en pourpre, par l'or volatilisé ; en jaune, par le chlorure d'argent ; en bleu, par l'oxyde de cobalt ; en vert, par l'oxyde d'urane ; en violet, par l'oxyde de manganèse.

Aujourd'hui, la France tient le premier rang pour la cristallerie : il suffit ici de nommer sa célèbre manufacture de Saint-Gobain. Le plus grand progrès dans la cristallerie est assurément l'introduction de l'acide borique et la substitution du zinc au plomb. Il en résulte le plus beau cristal, le plus apte aux instruments d'optique et notamment à l'astronomie. Notons aussi l'utile emploi de l'acide arsénieux, vulgairement appelé *mort aux rats*. Cet acide est volatil à une haute température. Ajouté aux éléments du verre, il s'en dégage complètement, dès que le verre entre en fusion ; mais, comme il ne s'échappe que bulle à bulle, il brasse ainsi le mélange et le rend homogène.

ALUMINE.

L'alumine est une substance terreuse qui n'existe guère à l'état pur que pour le chimiste.

Ses plus beaux titres ne sont point de donner à la joaillerie le rubis, le saphir, la topaze, ni d'être un des éléments de l'émeraude, du spinelle, du grenat, de la turquoise ; mais bien de donner à l'industrie le pyromètre et l'émeri, et surtout d'être un des principes constituants de l'argile.

Douce et onctueuse au toucher, l'*argile* ou terre glaise se présente diversement colorée par différentes substances, qui, du reste, ne s'y trouvent qu'accidentellement. De toutes ses propriétés, la plus précieuse est celle de faire avec l'eau une pâte liante qui se durcit au feu ; et c'est ainsi que, docile d'abord à tous les caprices de l'art, elle conserve ensuite très-bien les formes qu'elle en a reçues. L'argile la plus grossière est employée pour faire des briques, des tuiles, des carreaux, de la poterie et de la faïence commune ; plus fine, elle sert à la fabrication de la belle faïence ; mieux choisie enfin et mieux élaborée, elle forme la porcelaine. Toutefois, pour que l'argile cuite ne laisse point, par ses pores, filtrer les liquides et soit propre dès lors aux usages domestiques, on la couvre d'un vernis vitrifié ou bien d'un émail. La poterie commune ne reçoit seulement qu'un vernis, moyen économique sans doute, mais qui n'est pas sans danger; car ce vernis est presque entièrement composé de plomb, métal qui peut se dissoudre par les acides et passer ainsi dans les aliments. La faïence, au contraire, et la porcelaine sont revètues d'un *émail*, corps opaque et vitreux, qu'on fait d'autant plus stable et qui est par conséquent d'autant plus cher, qu'il est destiné à couvrir une plus belle poterie.

L'argile, soumise à l'action d'une extrême chaleur, éprouve une contraction qui en mesure, pour ainsi dire, l'intensité. C'est sur cette propriété que repose le *pyromètre*, instrument qui indique en effet des points fixes dans les températures élevées. Le pyromètre est d'une utilité toute spéciale dans les arts qui demandent l'emploi d'un feu violent, car on s'y trouverait livré sans lui aux hasards de l'hypothèse.

L'émeri ou alumine pulvérisée sert, par son extrême dureté, à polir les glaces, le marbre, les métaux, les pierres précieuses.

Enfin les peintres ne nous pardonneraient pas d'oublier que c'est à l'alumine que nous devons la lazulite, qui donne cette belle couleur bleue, si recherchée sous le nom d'*outremer*.

Il est aisé maintenant de pressentir tout l'intérèt historique d'une substance qui, douée de propriétés si essentielles et de qualités si magnifiques, touche ainsi à la fois aux choses de grand luxe et de première nécessité, c'est-à dire aux deux points extrêmes du règne industriel.

Les pierres précieuses nous viennent principalement de l'Inde et du Brésil ; plusieurs ont presque la dureté, l'éclat et le prix du diamant. Elles étaient très-estimées des Anciens, qui en décoraient les statues des dieux ; les dames romaines surtout en ornaient avec art leur coiffure. Les plus nobles patriciens, les *Scipion*, les *Pompée*, les *César*, y faisaient graver avec splendeur leur cachet de famille. Bientôt on en monta des bagues pour toutes les conditions, et le caustique *Juvénal* ajoute que les élégants, afin de soulager leurs doigts affaiblis, en avaient de plus légères pour l'été. La gravure sur pierre au moyen du diamant était d'ailleurs d'une perfection merveilleuse ; et nos souvenirs ici pourraient citer ou l'émeraude somptueuse offerte par *Ptolémée* à l'opulent *Lucullus*, ou la grande améthyste de *Trajan*, que possède le roi de Prusse. Mais l'émeraude de *Néron* mérite peut-être, sous un autre rapport, d'être plus spécialement rappelée. Ce prince en effet était myope, et son émeraude lui était d'autant plus chère qu'elle corrigeait le vice de sa vue ; il ne vint à l'idée de personne que cette pierre devait non à sa nature, mais seulement à sa forme, une propriété si singulière. Plus près de nous, on pourrait citer encore, et le rubis étincelant sur lequel le fameux *Coldoré* grava le portrait d'*Henri IV*, et l'émeraude veloutée qui surmonte la tiare du Souverain-Pontife.

Quant au travail de l'argile, cet art surtout remonte à une haute antiquité, comme l'attestent les porcelaines de la Chine et du Japon. Mais l'Europe ancienne ne connut même pas la faïence ; car ce fut dans une argile plus ou moins imparfaite que Sparte prépara son brouet, et Rome, sa fromentée ; que les Gaulois et les Francs firent cuire leur orge, et que se confectionnait encore avec tant de soins la soupe au lard de nos pères durant le moyen-âge, époque d'industrie naissante, où la seule cruchette tenait lieu à la fois de carafe et de verre ; où la simple escabelle, même à la cour, servait de siége ; où la vaisselle plate de la bourgeoisie s'achetait chez le potier d'étain. Mais, vers le milieu du XVI siècle, la fabrication de la poterie fit un immense progrès : *Bernard Palissy* inventa l'art de la vernisser. Hommage à Palissy que la misère faillit arrêter dans ses opiniâtres recherches, et que respecta la *Saint-Barthélemy !* Hommage à Palissy ! car du vernis à l'émail la transition était déjà marquée , comme aussi il n'y avait qu'un pas de la poterie commune à la faïence et de la faïence à la porcelaine. Une circonstance fortuite fit naître la faïence en Italie, et parmi nos villes de France, *Nevers,* la première, devint bientôt l'émule de *Faenza ;* mais ce furent les indications de notre célèbre *Réaumur* qui dévoilèrent enfin , vers le milieu du XVIIIᵉ siècle, le secret de la porcelaine, dont les Chinois et les Japonais étaient si jaloux de se réserver le monopole. Chez ces peuples, du reste, la porcelaine doit avoir d'autant plus de prix, qu'elle y remplace le verre et les cristaux. Elle y revêt même quelquefois des proportions monumentales : telle est , par exemple , cette tour majestueuse de Nan-King, qui, miroitante et sonore , s'élance dans les airs avec ses mille clochettes et ses mille couleurs. Mais, pour que notre préférence n'aille plus par habitude à des produits que leur origine exotique ne peut rendre plus parfaits, n'oublions pas que la porcelaine française, aujourd'hui, n'a pas de rivale pour la finesse de la pâte, la netteté des formes et l'heureuse hardiesse des peintures. Il est vrai que la France a pour cette fabrication un avantage fondamental, car elle possède à Saint-Yrieix le plus pur de tous les *kaolins.*

On est parvenu dans ces derniers temps à isoler de l'alumine le métal qui en est le radical et qu'on appelle aluminium. Ce métal est blanc, très-léger, peu fusible, malléable, ductile, dur, ténace, inaltérable à l'air et à l'eau ; il se soude à lui-même et peut être ciselé. Il forme avec le cuivre un alliage qui a l'aspect riche du vermeil, et ne coûte guère que le prix du bronze.

CHAUX.

La chaux, substance infusible, est un des minéraux les plus utiles et les plus répandus. Elle se trouve presque toujours unie à l'acide carbonique, et se présente ainsi sous des formes très-variées, depuis la craie, qui est la plus confuse, jusqu'au spath-fluor, qui est la plus parfaite. Isolée par l'action du feu, qui chasse l'acide, elle prend le nom de *chaux vive*. Elle est alors très-caustique, et surtout si avide d'eau qu'elle absorbe ce liquide avec effervescence ; mais, quand elle en est saturée, elle forme une pâte d'un blanc de neige : c'est la *chaux éteinte,* base de tous les ciments. On appelle *chaux hydraulique* une combinaison de chaux, de silice et d'alumine, sorte de ciment qui, devenant au contact de l'eau plus dur que la pierre, est singulièrement propre aux constructions qui doivent être submergées.

La chaux, que les plantes alimentaires renferment en plus ou moins grande quantité, constitue le squelette des animaux vertébrés et l'enveloppe solide de tous les coquillages. Nous lui devons aussi la solidité de nos édifices, soit que, sous le nom de moellons, elle en compose les murs intérieurs, ou, sous celui de pierre de taille, elle en développe les façades ; soit que, sous le nom de mortier, elle en soude les pierres ensemble, ou, sous celui de plâtre, elle en décore les plafonds. Nous lui devons et la pierre lithographique, sur laquelle s'improvise la gravure, et l'albâtre, dont la cristallisation laiteuse et translucide se prête aux formes les plus ornées, et le marbre, auquel ses couleurs, sa dureté, son poli, semblent donner une destination monumentale : aussi joue-t-il le plus grand rôle dans l'histoire des beaux-arts.

Le Grecs employaient avec profusion les marbres de l'Archipel, réservant celui de Paros pour le ciseau des Phidias. A l'exemple de Palmyre et d'Athènes, Rome devint, sous les empereurs, comme une ville de marbre ; et nous voyons Pline lui-même reprocher aux censeurs qui avaient fait des lois somptuaires contre les repas, de n'avoir posé aucune limite à la passion des Romains pour les marbres étrangers. Constantin, en transportant à Byzance le siége de l'empire, voulut faire oublier Rome, et la nouvelle reine du monde s'éleva toute radieuse de marbres de tous les pays.

Mais le pied des Barbares vint mutiler toutes ces magnificences, et ces statues gracieuses, comme ces élégantes colonnes, furent calcinées pour faire de la chaux. Cependant le goût pour les marbres reparut un moment chez les Maures ; et, s'il ne reprit faveur que vers le XVe siècle, il redevint bientôt une passion, en Italie sous les Médicis, en France sous Louis XIV. Rome alors fouilla dans ses ruines pour y retrouver ses chefs-d'œuvre, et Florence s'embellit de tous ces palais somptueux devant lesquels l'admiration s'arrête encore aujourd'hui. Ajoutons que l'Italie, restée sans rivale par ses Michel-Ange et ses Canova, possédait aussi naguère le plus beau de tous les marbres dans le marbre de Carrare, blanc comme celui de Paros, dont les carrières sont épuisées. Mais nos marbres des Pyrénées, qui ont naturellement la transparence et l'incarnat des chairs, sont préférés maintenant par quelques artistes.

SEL.

Le sel est un minéral incolore composé de *chlore* et de *sodium*, éléments dont l'action isolée détruirait nos organes. On le trouve ou bien en masse solide dans les mines dites de sel gemme, ou bien en dissolution dans les eaux dites salifères.

Le sel gemme s'extrait de la mine comme les autres minéraux. Le sel dissous s'obtient par l'évaporation ou par la congélation des eaux salifères, c'est-à dire par deux moyens opposés : par la chaleur et par le froid. L'évaporation est plus souvent employée. Le procédé en est fort simple : au moyen d'une pompe, on élève l'eau, qu'on fait retomber en pluie très fine sur des branchages où l'évapore un vif courant d'air. On peut traiter de la même manière le sel gemme, en le dissolvant d'abord par un filet d'eau qu'on fait pénétrer dans la mine.

Quelle que soit son origine, le sel est accidentellement mêlé de substances étrangères qui le rendent plus ou moins gris. Pour le purifier, en le ramenant ainsi à l'état de sel blanc, on le dissout dans de l'eau qu'on filtre d'abord et puis qu'on évapore.

Le sel, lorsqu'il n'est pas complétement pur,

retient toujours une certaine quantité d'eau, ce qui le fait crépiter, quand on le jette sur des charbons ardents. Il a d'ailleurs pour elle une si grande affinité qu'il se liquéfie à l'air humide en s'emparant de la vapeur aqueuse dont l'atmosphère est alors saturée. C'est sur cette propriété qu'est fondé l'art de la salaison, qui conserve les viandes, et qui permet, par exemple, de transporter le poisson à des distances fort éloignées.

L'abondance du sel est en rapport avec son immense utilité : dans les eaux de la mer seulement, il entre dans la proportion d'un trentième ; un grand nombre de marais et de sources en renferment aussi beaucoup, et nous ne pouvons nous dispenser de mentionner ici notre source salifère de Castellane, qui fait tourner un moulin. Les mines de sel gemme sont plus rares ; notre département de la Meurthe en possède une dont la puissance est telle, que ses produits suffiraient pour plusieurs siècles à toute la consommation de la France. Mais celle de Wielitzka, merveilleusement creusée au pied des Carpathes, mérite surtout d'être citée pour sa richesse et son ancienneté. L'aspect en est imposant, et si l'œil essaie de parcourir ces galeries immenses, il est ébloui des reflets que

lui renvoient les statues, les colonnes, les cha-
pelles, qui toutes, taillées dans le sel, scintil-
lent à la lumière comme des diamants.

Le sel est un assaisonnement indispensable
pour l'homme ; les animaux eux-mêmes le recherchent beaucoup. Il fut la seule épice des
peuples de la haute antiquité. Homère lui donne l'épithète de divin. L'Ecriture et les prophè-
tes en font tour à tour le symbole de la durée,
de la sagesse, de la reconnaissance. Il le fut
aussi de la stérilité ; car dans la Judée particulièrement, où le sel était commun, pour rendre
un champ stérile, on y semait du sel. L'exploitation en était libre. En France même, jusqu'au XVIe siècle, le sel, justement considéré
comme un objet de première nécessité, n'était
frappé d'aucun impôt, quoiqu'il eût été passa-
gèrement soumis à la gabelle sous Philippe-le-
Long et surtout sous Philippe de Valois, qu'E-
douard, roi d'Angleterre, surnomma plaisamment l'*auteur de la loi salique*. Cet impôt, renouvelé seulement dans les circonstances difficiles,
prit, sous Henri II, une forme nouvelle et définitive. Sully regardait comme une extrême dureté de vendre cher aux pauvres une denrée si
commune, et le temps seul lui manqua pour
abolir cet impôt. Espérons au moins que les

circonstances permettront d'alléger cette charge, qui pèse plus spécialement encore sur l'ouvrier de nos villes et sur le laboureur. Ce sera peut-être le meilleur moyen d'empêcher qu'on ne falsifie cette denrée, qui trop souvent est altérée par du plâtre, et quelquefois même par des substances vénéneuses. La chimie donne, il est vrai, des moyens sûrs pour dévoiler ces falsifications; mais ses enseignements n'arrivent guère à ceux qui sont le plus souvent victimes de cette fraude.

Ainsi, pour reconnaître que le sel est falsifié par la poudre de plâtre, on le traite par quatre parties d'eau qui dissolvent le sel et ne dissolvent pas le plâtre. On peut séparer de la même manière le sablon et les matières insolubles qui ont été mêlées au sel.

Pour reconnaître dans le sel marin la présence des sels de varech, qui sont vénéneux, on opère de la manière suivante :

1° On prend un gramme d'amidon en poudre et 50 grammes d'eau, on les fait bouillir et puis on laisse refroidir la solution.

2° On verse quelques grammes de cette solution amidonnée dans un verre contenant le sel à essayer, on y ajoute 15 ou 20 gouttes d'acide nitrique azotique du commerce et l'on agite.

Si le sel marin contient des sels de varech, on obtient une coloration qui varie du violet au bleu.

Enfin, si le sel marin est falsifié par des iodures, composés toujours dangereux, il se colore en bleu quand on le traite par l'eau amidonnée et l'acide nitrique.

La France est le pays qui fait le plus grand commerce de sel *marin*, c'est-à dire, dissous dans les eaux de la mer : c'est même un des principaux produits des départements situés sur le littoral de l'Océan Atlantique et de la Méditerranée. Les départements de la Meurthe et du Jura possèdent les plus importantes sources salifères.

Ajoutons que le sel de nos marais salants est le meilleur qu'on puisse employer pour la cuisine et dans les arts. Il est surtout recherché par les peuples du nord de l'Europe.

V. BOTANIQUE.

Un végétal est un corps organisé, c'est-à-dire doué d'*organes* pour se développer d'abord, et puis se reproduire. Quand la plante est complète, elle a, comme organes de nutrition : les *racines*, la *tige* et les *feuilles ;* et comme organes de reproduction : les *enveloppes florales*, la *fleur* et le *fruit*. Mais, toutes ces parties n'étant pas indispensables, les feuilles, par exemple, peuvent manquer d'une part ; et d'autre part, les enveloppes florales, qui ne sont elles-mêmes que des feuilles modifiées. Du reste, le langage vulgaire commet ici souvent de graves erreurs. Ainsi, dans la pomme de terre, la tige est prise pour une racine ; plus ordinairement, on applique le nom de fleur aux enveloppes florales (calice et corolle), qui ne sont qu'une partie accessoire, tandis que la vraie fleur (étamine et pistil) est la partie essentielle ; presque toujours encore, on considère comme fruit la pulpe plus ou moins savoureuse qui entoure la graine, et cependant la partie essentielle du fruit, le fruit proprement dit, c'est la graine, végétal en miniature, qui doit, en effet, continuer la plante dans l'espace et dans le temps.

La botanique ou *phytologie* distribue les plantes en trois grandes divisions, d'après le mode de leur germination, c'est-à-dire de leur premier développement. Car, dans les unes, le germe est privé de cette feuille primitive et protectrice qu'on appelle *Cotylédon ;* dans les autres, au contraire, il est protégé par un seul ou bien par deux cotylédons. De là les dénominations de plantes : *Acotylédonées* (sans cotylédon), *Mono-cotylédonées* (avec un cotylédon), *Dicotylédonées* (avec deux cotylédons). Les subdivisions sont ensuite établies sur les organes de reproduction et sur les organes de nutrition.

Les Acotylédonées n'ont pas de fleur. Le type floral des Monocotylédonées se présente dans la famille des *Liliacées*, et celui des *Dicotylédonées*, dans la famille des *Renunculacées*.

La spécialité de ce livre ne nous permet pas de suivre strictement cette savante classification (1); parce que, sous le rapport de l'utilité, les plantes quittent souvent leurs familles respectives pour former ainsi des groupes qui, d'après leur propriété dominante, ont reçu le nom de plantes *alimentaires, textiles, oléifères,* etc. Mais, pour répondre à tous les désirs, nous rétablissons chacune d'elles à sa place scientifique, dans le tableau du règne végétal qui termine l'ouvrage.

Les plantes, généralement placées à la surface de la terre, sont pour elle une richesse à la

(1) Du reste, cette classification n'est pas tellement arrêtée, tellement uniforme, qu'il n'eût fallu beaucoup de détails pour justifier les modifications que le temps y porte chaque jour.

fois et une parure. Elles s'y fixent fortement par leurs racines; et puis, par leur tige, cherchant l'air et la lumière, elles s'élèvent dans l'atmosphère pour y étaler leurs feuilles, leurs fleurs et leurs fruits. L'histoire de la végétation est pleine d'intérêt. Les extrèmités des racines, sans cesse renouvelées, tirent du sol l'eau liquide avec tous les produits solubles qu'elle renferme et la poussent dans la tige, aidées par une force de succion dont la nature n'est pas encore complétement connue. Cette sève est ainsi portée jusque dans les parties vertes, et surtout dans les feuilles, où elle subit diverses modifications dont la lumière solaire paraît être un des principaux agents. En effet, sous son influence, la dissolution aqueuse éprouve une immense exhalation qui rapproche les substances dissoutes; l'acide carbonique décomposé cède son carbone, et l'oxygène est mis en liberté. Si la sève entraîne avec elle quelques produits solides, impropres à la nutrition de la plante ou à sa structure, ces produits restent dans les feuilles, qu'ils concourent à vieillir en obstruant leurs canaux. Enfin la sève élaborée redescend dans la tige et même dans les racines, pour en nourrir les diverses parties; et tous ses mouvements, vus au microscope, s'opèrent avec une extrême vitesse.

Attachées ainsi au sol qui doit les nourrir, et ne pouvant en aucune manière changer leurs rapports avec les circonstances qui les environnent, les plantes ont besoin qu'on leur ménage, qu'on leur prépare les conditions les plus favorables à leur développement. Tel est le but de l'agriculture.

L'agriculture est mère de toutes les industries. Fille elle-même de la nécessité, elle dut naître parmi les premiers habitants de la terre; mais comme les patriarches furent des pasteurs nomades plutôt que de véritables agriculteurs, et comme du reste les annales de l'Inde, de la Chine et du Japon n'appartiennent pas à l'histoire, nous ne devons constater qu'en Egypte les progrès primitifs de l'agriculture. Les Egyptiens, en effet, firent d'immenses travaux pour utiliser les inondations fécondantes de leur fleuve, et pour distribuer au loin leurs richesses territoriales. Tels furent le lac Mœris, le canal de Néchos et ceux de Sésostris. L'agriculture devint pour eux une sorte de culte, et, après en avoir adoré le symbole dans le bœuf Apis, ils en adorèrent même les produits dans leurs divinités légumineuses.

Ainsi les colonies dont l'Egypte dota la Grèce y durent porter des connaissances agricoles déjà développées ; mais les Grecs, plus passionnés pour le beau que pour l'utile, ou bien découragés peut-être par la nature même de leur sol, en négligèrent l'exploitation, ne faisant presque qu'une seule exception en faveur de l'olivier.

Les Romains, au contraire, sous l'inspiration de Romulus et de Numa, donnèrent à l'agriculture des soins assidus, surtout dans les premiers siècles de la république, et c'est alors qu'on vit le patriotisme modeste des Publicola, des Cincinnatus, passer à regret de la charrue au dictatorat, et revenir bien vite du triomphe à la charrue. Mais au temps des Marius et des Sylla, des César et des Pompée, Rome, au contact de la Grèce, acheva de perdre ses goûts et ses mœurs. Ses campagnes naguère si exubérantes et si riches, abandonnées désormais à des mains mercenaires et humiliées, furent incultes et improductives, et partout les maisons de plaisance y remplacèrent les moissons.

La Gaule devint alors le grenier de l'Italie. Déjà depuis longtemps l'agriculture y prospérait ; on y citait en particulier les rives de l'Allier et de la Saône ; les céréales y suivaient les progrès de la vigne ; on lui devait et l'invention des barriques et la méthode des silos. Ce fut dans cette belle et fertile province qu'au milieu de la décadence de l'empire, l'industrie agricole se soutint encore plus de deux cents ans; mais enfin ses mauvais jours arrivèrent avec les invasions successives des Vandales, des Goths et des Francs. Les guerres civiles des deux premières dynasties aggravèrent ses désastres; la féodalité surtout lui fut mortelle, bien moins par ses violences, ses dîmes, ses corvées, que par le mépris dont elle flétrit le travail des champs. L'agriculture, dès lors honteuse et découragée, dut bientôt céder aux landes et aux marais les immenses terrains dont elle avait fait la conquête au prix de tant de siècles; et si les Capitulaires de Charlemagne, comme plus tard les Etablissements de saint Louis, témoignèrent pour elle une haute sollicitude; si les moines, avec une merveilleuse ardeur, la remirent en possession de vastes domaines; si les croisades elles-mêmes la réhabilitèrent un peu en élevant le serf à la propriété du sol qu'il cultivait, tous ces efforts, toutes ces circonstances, n'ayant pas de points d'appui dans les institutions, n'eurent qu'un résultat momentané. L'édit de Louis X, qui, renouvelant celui de Constantin, défendit au créancier de saisir en aucun cas les animaux et les instruments de labourage, et l'ordonnance de Louis XII, qui fut forcé de réprimer par des peines rigoureuses les exactions des hommes d'armes, nous laissent apercevoir combien était encore précaire la condition du cultivateur.

Cependant les préjugés s'effacèrent sensiblement sous l'influence de l'Hopital et de Sully. Mais Colbert, dans ses préoccupations manufacturières, ayant commis la faute de délaisser l'agriculture, elle resta d'autant plus engagée dans les entraves de la routine, que les idées et les capitaux s'éloignèrent d'elle pour se porter exclusivement aux opérations industrielles et commerciales. Toutefois elle avait su profiter des voies de communication par terre et par eau, établies sous le règne de Louis XIV et de Louis XV, lorsqu'en 1789, se réalisèrent d'importantes améliorations. Enfin la science est venue, de plus en plus, mettre ses agents et ses méthodes au service de l'agriculture. Le travail des champs est simplifié ; pour économiser le temps et les bras, les labeurs les plus pénibles sont imposés aux machines; et le *rendement* s'augmente à la fois par la quantité des produits et par leur qualité.

La culture, d'après les produits particuliers auxquels elle donne ses soins, reçoit des noms différents : celle des graines s'appelle *agriculture* proprement dite ; celle des fleurs et des fruits, *horticulture ;* celle de la vigne, *viticulture ;* celle des forêts, *sylviculture.*

Les terrains propres à la culture sont composés, en proportion variable, de silice, d'alumine et de chaux ; et c'est d'après celle de ces trois substances qui en est le principe dominant qu'ils se distinguent en siliceux, argileux ou calcaires. Cette variété de terrains répond à celle des plantes, qui demandent, les unes un sol léger, les autres un sol compacte ; et cette diversité des plantes est elle-même un immense bienfait, car elle multiplie nos ressources, varie nos jouissances, et décore tous les points de cette terre qui, d'abord inculte et sauvage, de jour en jour, sous la main de l'homme, s'embellit et s'achève. Quand le sol ne renferme pas ces principes en proportion convenable, on l'*amende*, c'est-à-dire on le corrige, en y ajoutant le principe qui manque ou qui doit dominer.

La silice, l'alumine et la chaux favorisent singulièrement l'action végétative ; mais ce sont les engrais qui, en se décomposant, fournissent à la plante ses éléments de nutrition. Depuis longtemps l'observation avait appris que certaines substances, placées près de l'herbe qui croît spontanément, lui donnent une plus grande force de végétation. Cette remarque commença la théorie des engrais, qui ne fut complétée que peu à peu par les révélations de la chimie. L'élément nutritif par excellence, c'est le fumier d'étable : il présente, en proportions voulues, les substances chimiques qui sont nécessaires à l'action végétative.

Une des opérations encore les plus importantes, car le succès de la récolte en dépend presque entièrement, est celle du semis, qui exige surtout que la graine soit bien choisie, et que le semeur la répande d'une manière égale et uniforme.

Mais, pour qu'une graine confiée au sein de la terre puisse s'y développer et devenir une plante qui porte des fruits, il faut qu'elle y reçoive les influences atmosphériques et qu'elle y trouve des principes nutritifs : c'est pour cela qu'on ameublit le sol et qu'on le fume.

Pour *ameublir* le sol, on l'ouvre, on le divise, afin que l'air, l'eau, la chaleur, arrivent sans peine à la jeune plante, et que ses racines naissantes, si délicates, si faibles, puissent s'étentendre sans efforts et pénétrer plus ou moins profondément. Cette opération se fait de trois manières différentes, selon le genre de culture : avec la bêche du jardinier, la houe du vigneron, ou la charrue du laboureur. La houe, plus expéditive que la bêche, doit lui être préférée ; la charrue demande l'auxiliaire d'un attelage, et ne convient ainsi que dans les grandes cultures.

Pour bien fumer le sol, on y distribue les engrais avec mesure, car l'eau sursaturée de principes nutritifs serait trop dense pour être aspirée par les petites radicules. Ces engrais varient de qualité selon la nature même de la plante qu'ils doivent alimenter ; mais enfin c'est de ces substances, qui nous paraissent peut-être si rebutantes, que le blé cependant retire sa farine, le melon son sucre, la figue son miel, le café son arôme, la pêche son parfum. Une meilleure manière d'employer les engrais consiste à rendre leur décomposition progressive, afin que l'aliment qu'ils offrent au végétal croisse à mesure que celui-ci se développe lui-même. Si la décomposition est instantanée ou rapide, le gaz alimentaire sera d'abord en excès, puisque le germe naissant exige peu, et ne sera pas ensuite assez abondant, de telle sorte qu'il sera fourni, pour ainsi dire, en raison inverse des besoins de la plante ; mais si l'engrais est mélangé de charbon animal, qui en ralentit la décomposition, dès lors il fournit dans les premiers temps peu de gaz, mais à mesure que le charbon perd de ses propriétés en se saturant des produits fournis par la décomposition elle-même, celle-ci marche et s'accélère, suivant ainsi graduellement les progrès de la force végétative.

Enfin le système des irrigations, si heureusement employé dans les pays les plus agricoles, est encore une de ces améliorations par lesquelles la puissance humaine, en suppléant la nature, parvient souvent à des résultats merveilleux. Les irrigations sont utiles, en effet, non-seulement par l'eau qu'elles fournissent aux plantes, mais encore par les engrais qu'elles leur apportent.

Dans quelques contrées, au contraire, pèse encore un préjugé funeste et déjà fort ancien. On croit que la terre a besoin de repos après le travail, et l'on fait des *jachères*, c'est-à-dire qu'on laisse inutile et sans culture le champ qui vient de donner une récolte, réduisant ainsi une ferme à la moitié réelle de son étendue, sans profit pour le propriétaire et sans amélioration pour le sol. La terre n'est qu'un instrument et ne se fatigue jamais. Seulement *elle se délecte en la mutation des semences*, a dit notre célèbre agronome, Olivier de Serres; et, en effet, il faut savoir varier les semailles, ne pas demander deux fois de suite au même champ la même récolte, faire succéder les fourrages, qui améliorent le sol, aux céréales, qui l'épuisent. Cette rotation de culture est appelée *assolement*. Conduite avec intelligence, elle économise les engrais; et enrichit d'ailleurs le fermier en lui permettant d'élever de nombreux bestiaux; car les prés amènent le bétail; le bétail, les engrais; les engrais, l'abondance.

Il faut aussi éloigner avec soin certaines circonstances qui peuvent compromettre les labeurs de toute une année. Et d'abord, toute plante qui se multiplie au milieu d'une culture est par cela même nuisible, car elle vit aux dépens des espèces agricoles, et leur dérobe une plus ou moins grande quantité de sucs nutritifs. Il est donc important que le sarclage tienne les terres nettes de toute herbe inutile. A plus forte raison est-il essentiel de détruire avec sollicitude les petits champignons parasites qui, sous forme de poussière, attaquent les feuilles et le chaume des céréales. Il en est un surtout, appelé *uredo* des blés, auquel les agriculteurs donnent le nom de *charbon*. Ce cryptogame est un véritable fléau dans les climats humides, où il se jette quelquefois sur des plaines entières. Le charbon diffère beaucoup de la *carie*, autre champignon parasite, avec lequel on le croyait identique. Sa poudre est inodore, tandis que celle de la carie a une odeur nauséabonde. Le charbon se porte spécialement sur l'avoine, l'orge et le maïs, et attaque peu le froment, qui est au contraire la plante sur laquelle la carie exerce le plus ses ravages. Pour préserver le grain du charbon et de la carie, il faut le *chauler*, c'est-à-dire il faut le faire passer dans une dissolution de chaux. Le chaulage défend le grain, non-seulement de ces champignons qu'il détruit, mais encore des insectes qu'éloigne la saveur âcre dont il se trouve ainsi pénétré.

Il est des animaux enfin qui sont nuisibles à l'agriculture; les plus redoutables sont deux sortes de rats, le campagnol et le mulot, qui se multiplient avec une extrême rapidité. En 1816, le premier causa près de trois millions de dommages dans le seul département de la Vendée; le second faillit déboiser quelques parties de l'Angleterre en 1811 et 1813. Les rats sont d'autant plus funestes, qu'ils dévorent souvent le grain qui vient d'être semé, et détruisent ainsi toute une récolte. Parmi les insectes, il faut citer le charançon, qui, inoculé dans le grain, y vit à l'état de larve, et l'iule terrestre, connu vulgairement sous le nom de bête à mille pattes, qui attaque les blés et en détruit le germe en implantant sa tête dans le grain, au commencement de l'hiver et même à la fin de l'automne. La plante se maintient verte et conserve une apparence de santé jusqu'au mois de mars, où elle meurt sans qu'on puisse en assigner la cause; car, à cette époque, l'iule a complétement disparu. Les iules à la fin de l'été se tiennent attachés à tous les débris des végétaux qui demeurent épars dans les champs. En brûlant ces débris, on s'en délivre presque radicalement.

VI. PLANTES ALIMENTAIRES.

GRAINS.

Cette expression, qui comprend dans sa généralité toutes les semences féculentes, s'applique par excellence à celles de la riche famille des graminées, à laquelle l'homme doit, ainsi que plusieurs animaux, sa principale nourriture. Leur développement, qui n'est jamais spontané, demande beaucoup de soins et offre deux époques difficiles : celle où la tige se forme, et celle où se montrent les fleurs. Sauvée de ces deux crises, la récolte est riche et assurée, quoique cependant soumise encore à deux fléaux, à la grêle, qui trop souvent la brise, ou à l'ouragan, qui parfois l'arrache et la disperse.

On cueille le grain, quand il est mûr ; c'est ce qu'on appelle faire la moisson. Le moissonneur, armé d'une faucille ou d'une faux, coupe les tiges, en ayant soin de ne pas imprimer à l'épi de trop fortes secousses ; il les laisse sécher quelque temps, puis il les rassemble en petits tas nommés javelles, qui, liés en bottes, forment une gerbe. Les gerbes sont ensuite portées au grenier ou bien réunies en grands amas nommés meules, auxquels on donne un abri par une toiture de paille : ces meules sont destinées à suppléer aux granges, lorsque celles-ci ne sont point assez spacieuses.

Quand on veut séparer le grain de l'épi, on étale les gerbes sur un sol convenablement disposé qu'on nomme *aire,* et les batteurs frappent sur l'épi par coups cadencés au moyen du *fléau,* sorte de bâton attaché par des courroies au bout d'un long manche. Ensuite on relève la paille et l'on recueille le grain. Pour en enlever les corps légers, on le vanne en le projetant en l'air sous l'action du vent; puis, pour l'isoler des pierres et des débris terreux, on le tamise dans un récipient nommé crible, qui est percé de mille trous.

C'est une précaution fort salutaire assurément que de conserver les grains dans les années d'abondance et de les réserver pour les temps de disette. Plusieurs procédés peuvent obtenir ce résultat; mais le plus simple, le plus utile et le moins employé peut-être par nos agriculteurs modernes, est celui par lequel les habitants de la Gaule conservaient leurs récoltes durant plusieurs années. Ce procédé consistait à creuser des espèces de souterrains très-profonds nommés silos, de manière à tenir les grains à l'abri de l'air et de l'humidité. Il serait curieux de connaître les moyens conservateurs qu'employa Joseph en Egypte.

Pour réduire les grains en farine, on emploie l'action du moulin. La mouture, dans l'antiquité, se faisait par des moulins à bras, sortes d'appareils semblables au moulin à café, mais sur une plus grande échelle Ces appareils fonctionnent mal, sont peu expéditifs et demandent beaucoup de force. Les meules sont depuis longtemps d'un usage général; elles sont mues par l'eau, par l'air, ou même par la vapeur.

Jusqu'à l'époque des croisades, l'Europe ne connut que les moulins à eau. Cependant les moulins à vent sont d'une très-grande utilité dans les plaines arides, comme aussi dans les pays trop élevés pour pouvoir disposer d'un suffisant volume d'eau. Mais cette mouture, soumise aux caprices de l'air, est moins uniforme et moins régulière.

Parmi les différentes espèces de grains, qui, du reste, varient avec le sol, le climat et la culture, nous devons surtout connaître le froment, le seigle, l'orge, l'avoine, le maïs et le riz.

Le froment semble être fils de la culture, car on ignore son pays natal, et on ne le trouve nulle part a l'état sauvage. Son fruit, qui porte le même nom, est une petite graine ovale, convexe d'un côté et, de l'autre, parcourue par un sillon. De toutes nos graminées d'Europe, c'est la plus précieuse et la plus estimée. Sa farine, qui est la plus belle, la plus abondante, la plus nutritive, est spécialement destinée à la panification.

Pour faire le pain, on verse dans le pétrin, sorte de coffre en bois de chêne, la quantité de farine qu'on veut panifier. On écarte cette farine sur les côtés, pour laisser au milieu un espace libre où l'on délaye dans de l'eau tiède le *levain*, qui est un morceau de pâte aigrie, ou bien de la *levure* de bière, et on ajoute une certaine quantité de sel. Puis on y pousse peu à peu la farine, qu'on brasse avec force pour y distribuer d'une manière partout égale et l'eau et le levain. On abandonne ensuite la pâte à la fermentation. C'est alors que se développent dans la masse les gaz qui, soulevant la pâte pour s'échapper, tandis que celle-ci résiste par son propre poids, lui font prendre plus de volume et la divisent en une infinité de petites cellules, circonstance qui rend le pain beaucoup plus léger, beaucoup plus digestible. Tandis que cette espèce de lutte se soutient encore entre les gaz qui veulent fuir et la pâte qui les retient, on met au four. Les pains y sont disposés à côté l'un de l'autre; le centre est réservé pour les gâteaux et les pains de choix. On ferme le four, et une heure et demie suffit pour que le pain soit cuit. La panification a pour but de convertir la farine en pain. Il faut d'abord l'hydrater, car sans eau point de fermentation; puis la fermentation convertit le sucre de la farine en alcool et en acide carbonique. Pour que la pâte lève, il faut la présence du gluten, substance membraniforme qui enveloppe les bulles de l'acide carbonique et les retient: le gaz pris ainsi comme dans un réseau gonfle la pâte par sa force élastique, et alors la masse est plus perméable à la chaleur. Enfin, pour la cuisson, la température doit être de 250° et régulièrement la même dans toutes les parties du four.

Nous venons d'exposer la méthode ordinaire de panification : hâtons-nous d'ajouter, pour l'honneur de notre époque, qu'enfin des procédés nouveaux vont modifier profondément cette méthode, qui a vu le progrès se faire autour d'elle sans y participer. On se propose, en effet : 1° d'extraire du grain une plus grande proportion de farine, en améliorant le système de la meunerie ; 2° de rendre le pain plus nutritif, en mêlant d'une manière plus judicieuse et plus hygiénique les éléments qui doivent le former ; 3° de diminuer le prix de revient, en améliorant la boulangerie. C'est à l'ensemble de ces divers procédés que nous devons ce triple résultat, d'autant plus désirable que le pain est de toutes les denrées la plus importante, la plus essentielle. Déjà la boulangerie, qui n'était naguère qu'un métier et qui l'est même encore dans la plupart des pays, s'élève maintenant, à Paris surtout, à l'état d'art parfait et raisonné. On a travail constant dans le pétrin et cuisson continue dans le four ; toute intervention humaine est exclue du pétrin, tout combustible est exclu du four. C'est l'air chaud qui cuit le pain ; et, pour éclairer l'intérieur du four, on se sert d'un bec de gaz mobile sur une tige en coude. On comprend combien le gaz l'emporte ici sur le suif et sur l'huile pour la propreté, et la combustion en est d'autant plus facile que l'air ambiant est chaud.

La panification était connue des Anciens, particulièrement à l'époque d'Abraham, car ce patriarche, d'après l'Ecriture, dit un jour à Sara : Pétrissez-moi trois mesures de farine, et faites cuire des pains sous la cendre. Peu de temps après, les fours furent inventés en Egypte. Mais, quoique le levain fût très-anciennement connu, puisque Moïse défendit de manger l'agneau pascal avec du pain levé, on n'a aucune donnée précise du temps où cette méthode fut adoptée. Le hasard fit connaître sans doute l'action du levain : un peu de vieille pâte, oubliée par négligence ou mise en réserve par avarice, aura été ajoutée à une masse de pâte fraiche, et l'on aura remarqué qu'au lieu de nuire au pain, elle l'avait véritablement amélioré.

Sous la première dynastie de nos rois, chaque famille préparait sa pâte, et la faisait cuire à son gré. Sous la deuxième dynastie, la féodalité força le peuple à faire cuire son pain, moyennant une légère rétribution, à un four banal qui appartenait au seigneur. Sous la troisième dynastie et dès l'époque des croisades, apparurent dans les grandes villes les pétrisseurs ou marchands de farine mise en pâte, et toutefois la banalité des fours ne fut abolie que par Philippe IV, qui permit aux bourgeois d'avoir des fours dans leurs maisons, et même de vendre du pain à leurs voisins. Aujourd'hui chacun peut fabriquer du pain et le faire cuire à son gré ; mais les boulangers seuls peuvent en vendre, et le gouvernement veille à ce que la fraude n'en altère ni la nature ni le poids. Le nom de boulanger est venu de ce que les premiers pains avaient la forme d'une boule.

La pâtisserie se fait comme le pain ; seulement on ne se sert pas de levain et on ajoute divers ingrédients, tels que le beurre, les œufs, le lait, etc. Elle naquit probablement dans les châteaux, où les dames du moyen-âge préparaient elles-mêmes tant de friandises avec du beurre, du lait, des amandes et du miel. Les pâtissiers ne furent pas d'abord distincts des boulangers ; mais dans le XIII° siècle, on les désigna spécialement sous le nom d'oublieux ou marchands d'oublies. Ils devinrent bientôt si nombreux, que l'austère chancelier L'Hôpital leur défendit de crier les petits pâtés dans les rues. Aujourd'hui la pâtisserie, à la fois élégante et délicate, est devenue un art important par la nombreuse variété de ses produits.

La farine se compose essentiellement de deux parties, l'amidon et le gluten. L'amidon est une substance blanche, pulvérulente, insipide, insoluble dans l'eau froide, susceptible de se figer quand on la traite par l'eau chaude. Le gluten est une substance animalisée, qui joue un rôle important dans la fermentation de la pâte, et c'est à sa présence que le froment doit la propriété de faire le pain qui nourrit le plus et qui lève le mieux. L'amidon seul n'est pas nutritif. Les proportions de gluten varient dans la farine des divers froments et en classent les qualités. Sous ce rapport, le froment d'Odessa est le plus riche, et par conséquent le plus estimé.

La farine bouillie dans l'eau forme la colle; l'amidon bouilli dans l'eau forme l'empois, qu'on azure parfois avec le cobalt.

La partie centrale du grain présente une farine plus blanche, qu'on appelle gruau. Le pain de gruau flatte le regard, mais il est moins nutritif, car il contient peu de gluten. Les parties de la farine qui sont les plus superficielles sont les plus riches en gluten. Elles servent à fabriquer le vermicelle, le macaroni et toutes les pâtes à potage qu'on appelle pâtes d'*Italie*, parce que l'usage nous en est venu, en effet, de ce pays. Tous ces produits ne diffèrent que par la forme, et leur forme ne diffère que par le moule dans lequel on les a fait passer, ou par l'emporte-pièce avec lequel on les a découpés. L'écorce du grain en constitue le dixième du poids et porte le nom de son.

Les peuples de la haute antiquité n'ont pu connaître le froment, car la culture n'était pas encore assez avancée pour que le blé se fût élevé à l'état de froment.

Le *seigle*, comme le froment, passe l'hiver en terre, mais il demande un sol léger où celui-ci ne réussirait point. Sa farine, moins abondante et moins glutineuse, donne un pain savoureux, qui a l'avantage de rester frais assez longtemps, avantage inappréciable pour le laboureur, qui n'a guère le loisir de cuire souvent. Unie à celle du froment, elle constitue le *méteil*, nourriture saine à la fois et économique; unie au miel, elle forme le pain d'épice, une des célébrités de la ville de Reims.

Le seigle est encore d'un grand usage pour la

fabrication de l'eau-de-vie de grains; et, pour comprendre qu'une liqueur alcoolique puisse provenir ainsi d'une graine farineuse, il suffit de savoir que les végétaux ne diffèrent de leurs produits médiats ou immédiats que par la proportion des principes constituants. Quelquefois même deux produits très-divers, la gomme, par exemple, et le sucre, les renferment en égale proportion, ou du moins la différence est si minime qu'elle échappe à l'analyse.

Il paraît, du reste, que les Anciens estimèrent peu le seigle, qui nous est venu du centre de l'Asie; car, de tous leurs auteurs, Pline est le seul qui l'ait mentionné. Cependant ils le cultivaient en grand, comme plante fourragère; et, sous ce rapport encore, le seigle serait d'autant plus utile au cultivateur, que, faute de cette ressource, il est obligé de tenir au sec ses bestiaux durant tout le printemps; car, à cette époque, l'herbe est encore très-courte, tandis que le seigle peut déjà fournir un fourrage agréable et rafraîchissant. Le seigle de Champagne est le plus recherché.

L'*orge* est, comme le seigle, originaire de la Haute-Asie; on le sème, ainsi que l'avoine, au premier printemps. Sa farine, inférieure à celle du seigle, donne un pain qui, par son aspect et par son goût, justifie l'expression populaire, *grossier comme du pain d'orge.* Ce fut cependant le premier pain des hommes. La Palestine, l'Egypte, la Grèce et la Gaule n'en connurent pas d'autre, et ce fut surtout l'aliment presque exclusif des athlètes et des gladiateurs. Les Romains eux-mêmes ne méprisèrent ce pain que lorsqu'ils eurent appris des Parthes à faire celui de froment, et ce fut par le pain d'orge que Marcellus punit les légions qui s'étaient laissé vaincre à la bataille de Cannes.

L'orge conserve encore aujourd'hui l'un des priviléges qu'elle avait autrefois, celui de servir à la fabrication de la bière préférablement aux autres céréales, parce que sa culture, par laquelle commencèrent en effet les défrichements, réussit dans les terrains les plus légers. La bière est une liqueur spiritueuse obtenue par la fermentation de l'orge germée. Pour déterminer la fermentation de la partie sucrée de cette graine, il faut ajouter le ferment et l'eau qui se trouvent, au contraire, naturellement dans le vin; et pour empêcher la fermentation alcoolique de passer à l'état acide, on ajoute encore du houblon, plante aromatique qui communique aussi à la bière une certaine amertume. Quand la liqueur s'est calmée, après avoir produit une abondante écume appelée *levure*, et qui sert de ferment dans la panification et dans les brasseries, la bière est faite. On la clarifie et on la met en bouteille. Une fermentation lente travaille encore la liqueur et lui donne la propriété de mousser, quelquefois même de briser les récipients, lorsque l'acide carbonique, devenu libre, est en trop grande quantité. La bière fut inventée par les Egyptiens, qui, privés de la vigne, cherchèrent dans leurs riches céréales le moyen de substituer au vin une autre boisson alcoolique. Les Grecs et les Gaulois reçurent d'eux les procédés de cette fabrication, que le temps a peu modifiés. L'opération principale consiste à remuer dans la tonne la farine d'orge, et se nomme *brassage*, d'où est venu le nom de *brasseur* donné au fabricant. La meilleure bière est celle qu'on fait au mois de mars.

Si l'orge ne sert plus guère à la panification que dans les contrées les plus pauvres, elle est très-employée en bouillie sous le nom d'orge mondée ou perlée. L'orge mondée est celle dont on a seulement séparé l'écorce; l'orge perlée est celle que la mouture a lissée et arrondie comme des perles. L'émulsion appelée *orgeat* devrait recevoir un autre nom, car l'emploi des amandes y remplace aujourd'hui celui de l'orge.

L'*avoine* donne plus de son et moins de farine que les autres céréales. Elle forme un pain qui est inférieur encore à celui d'orge, et qu'on ne mange guère que dans quelques contrées de la Russie et de l'Ecosse ; le gruau d'avoine est excellent. Moins exigeante que les autres céréales, l'avoine prospère sur des défrichements où l'orge même n'aurait aucun succès. Elle est principalement cultivée pour les chevaux ; c'est en effet un stimulant qu'ils aiment beaucoup. Cependant la cavalerie romaine n'en usa point, et encore aujourd'hui les meilleures races chevalines, le cheval arabe, le cheval tartare, ne connaissent que l'orge, qui certainement est préférable, du moins comme aliment. Quoi qu'il en soit, il faut donner aux chevaux l'avoine concassée, parce qu'autrement une partie du grain, n'étant pas convenablement broyée par les dents du cheval, surtout s'il est vieux, ne concourt pas à la nutrition.

Le *maïs*, malgré son nom vulgaire de *blé de Turquie*, n'appartient ni à la Turquie, ni à l'Orient ; c'est une céréale américaine. Le maïs est la plus imposante des graminées et l'un des plus riches présents que le Nouveau-Monde ait faits à l'Ancien. On la sème au printemps ; elle craint surtout le froid et le

charbon ; elle produit beaucoup mais épuise le
sol. Sa farine est principalement employée sous
forme de bouillie ; c'est, du reste, la forme pour
elle la plus simple, la plus convenable, la plus
naturelle ; car elle est, au contraire, peu propre
à la panification. Cette bouillie, compacte en
apparence, est cependant saine et légère, et sa
préparation n'exige que peu de temps. Le maïs
est un aliment de prédilection pour la plupart
de nos animaux domestiques, dont la chair acquiert alors une grande finesse et une succulente saveur ; la seule précaution à prendre est
de faire tremper d'abord le maïs dans l'eau,
pour qu'il n'use point leurs dents par sa grande
dureté. Sa culture doit être en France d'autant
plus encouragée, que, d'après des expériences
toutes récentes, il peut donner dans la même
récolte : 1° le fruit, dont la farine sert de nourriture à de nombreuses populations ; 2° le sucre de la tige ; 3° enfin un produit pulpeux qui
non-seulement peut fournir aux bestiaux un
bon fourrage, mais encore servir à faire un
excellent papier d'emballage complètement im-
perméable. La tige du maïs peut donner presque
autant de sucre que celle de la canne, quand on
détache de la plante les jeunes épis, la laissant
ainsi se développer privée de son fruit, qui eût
absorbé presque tout le sucre de la tige.

Cette belle plante passa d'Amérique en Espagne, et d'Espagne en France, sous le règne d'Henri II. Après le riz et le froment, c'est le grain le plus essentiel et le plus généralement cultivé.

Le *riz* est la plus répandue de toutes les graminées, et sert de nourriture principale aux deux tiers du globe, particulièrement dans la Chine. Sa tige est plus grosse et plus ferme que celle du froment. Sa farine ne peut être panifiée, aussi n'envoie-t-on le riz au moulin que pour l'y dépouiller de sa pellicule. Sa culture exige un climat humide et chaud, et produit, dans les pays où elle est répandue, des maladies épidémiques qui rendent la population faible et souffrante : c'est pour ce motif qu'elle n'a pas été introduite dans nos départements méridionaux, où elle réussirait très-bien. Cependant, une variété qu'on appelle riz sec réussit dans les terrains propres au froment. Les rizières sont souvent attaquées par les oiseaux, les rats et les insectes.

POMME DE TERRE.

Originaire de l'Amérique, cet excellent tubercule fut apporté de la Virginie en Angleterre par l'amiral sir Raleigh, en 1586. C'est à Parmentier, dont longtemps il porta le nom, que nous devons sa culture en France. Mais ce ne fut pas sans peine que ce philanthrope parvint à triompher du préjugé qui considérait comme suspecte la pomme de terre, parce qu'elle appartient à la famille des solanées. Repoussé des savants, des économistes, des philosophes, des pauvres même, qu'il voulait désormais sauver de la famine, Parmentier ne fut bien compris que de Franklin et noblement accueilli que de Louis XVI, qui le félicita d'avoir ainsi trouvé le *pain des indigents*. Parmentier persévéra dans ses efforts avec cette patiente activité que donne à certaines âmes la volonté du bien. Enfin, toutes les objections durent se taire, lorsqu'en 1776, il offrit à des personnages choisis un diner splendide où il ne fit servir que des pommes de terre, qu'une main habile avait préparées de mille façons. Les boissons elles-mêmes en furent extraites. Quinze ans après, Louis XVI porta des fleurs de pomme de terre à sa boutonnière. La noblesse s'en fit une parure et la mode en forma des bouquets privilégiés. En 1793, la Commune de Paris décréta le recensement des jardins de luxe, afin de les consacrer à la culture de ce légume ; et, en effet, les carrés de fleurs des Tuileries, ainsi que la grande allée elle-même, reçurent cette destination.

N'exagérons rien. La pomme de terre a sa place naturelle dans les champs. Cette plante modeste est une sorte de tige qui se cache sous le sol et se recommande à la fois par l'abondance et la qualité de sa fécule. Elle s'accommode de tous les terrains comme de tous les climats, et sa récolte échappe, en général, à presque tous les accidents atmosphériques. Dans ces derniers temps elle a subi l'invasion de germes parasites dont elle se dégage peu à peu.

En 1816, elle mit la France à l'abri de la disette; et, tous les ans encore, elle est pour quelques départements, comme pour l'Irlande, une ressource essentielle. Elle s'est répandue dans toutes les parties du globe, et tout le monde sait aujourd'hui que sa fécule est un aliment sain et léger. Peut-être même parviendra-t-on à la panifier sans addition d'aucune farine; mais, dans tous les cas, unie à celle du froment, elle forme un pain agréable et nutritif. La fécule se trouve dans toutes les plantes, pour ainsi dire, mais c'est de la pomme de terre surtout qu'on la retire le plus économiquement. On en obtient de l'eau-de-vie par la fermenta-

tion ; on peut surtout la convertir en matière
sucrée, et fabriquer ainsi des sirops économiques. On extrait enfin des fleurs de pomme de
terre une belle couleur jaune qui teint fort bien
la laine et la soie, et ne se laisse attaquer ni par
le vinaigre ni par l'acide du citron.

VIGNE.

Cette plante, sarmenteuse et vivace, forme
avec ses variétés, qui sont très-nombreuses, un
appendice de la famille des malvacées. Fortement assujettie par ses racines, elle a besoin
cependant que sa tige flexible trouve un sup-
port, afin que ses grappes restent pures du contact du sol, et soient mieux aperçues du soleil.
Aussi est-elle pourvue de vrilles tournées en
spirale, au moyen desquelles elle saisit les
corps étrangers qu'elle enlace ensuite de ses
contours gracieux. Ses feuilles sont grandes,
vertes, échancrées, presque rondes ; ses fleurs
paraissent en été, ses fruits mûrissent en automne. Elle demande une exposition choisie et
préfère le penchant des coteaux, sorte d'espa-
lier naturel qu'elle aime à tapisser de sa belle
verdure et de ses fruits vermeils. Craignant
presque également le froid excessif et l'extrême

chaleur, elle ne se plaît que dans les régions tempérées, entre le quarantième et le cinquantième degré de notre hémisphère. C'est dans ces limites, en effet, que sont situés les vignobles les plus riches et les plus renommés, parmi lesquels ceux de France surtout produisent les vins les plus fins, les plus agréables, les plus variés. Elle ne demande pas d'engrais, car elle distribue dans le sol une infinité de radicules nourricières ; et elle n'est pas difficile même sur la nature du terrain, quoique cependant ceux qui sont légers et perméables lui conviennent le mieux.

Du reste, elle se reproduit très-facilement et, pour obtenir un nouveau cep, il suffit de planter un simple sarment, qui prend bientôt racine, donne des fruits la quatrième année, et, la sixième, se trouve en plein rapport. Ce moyen, généralement employé, est plus expéditif que le semis et plus propre à reproduire la même espèce.

La vigne est vieille à soixante ans ; mais alors son vin, moins abondant sans doute, est aussi beaucoup plus exquis. Le clos Vougeot nous en offre un exemple remarquable. Avant la Révolution, il ne renfermait dans sa partie supérieure que des ceps âgés de plus de quatre siècles, et la qualité de leur produit était hors de prix, les moines de Citeaux ne le réservant même que pour en faire présent à des princes de l'Eglise ou à des souverains. Depuis, cette partie a été regarnie de jeunes plants, et le vin de tout le clos, ainsi mélangé, n'a pu justifier complètement son ancienne réputation.

Réduite aujourd'hui par la culture aux proportions d'un arbrisseau, la vigne avait autrefois celles d'un arbre. Elle acquiert encore un volume énorme, lorsque, laissée à elle-même dans une terre et sous un climat convenables, elle peut disposer d'un appui propre à la seconder dans ses élans. Un seul cep alors suffit pour envahir tout un chêne, pour en festonner toutes les branches, pour en charger tous les rameaux. Tel est celui de Cornillon, dans le département du Gard, et tels furent ceux dont le bois servit à construire les grandes portes de l'église de Ravenne. Mais la vendange offrait ainsi mille dangers, circonstance qui explique l'usage singulier suivi dans la Campanie, où personne ne s'engageait à la faire que sous la condition expresse, en cas de mort, d'être enseveli aux frais du propriétaire.

Averti par une circonstance inattendue, l'homme apprit à tailler la vigne. Cette opération, plus spécialement utile dans quelques contrées, mais qui rend partout la vendange si facile, arrête le développement de l'arbrisseau, en forçant la sève à renouveler les parties qui ont été détruites. On lui donne pour tuteur **un échalas**. Une autre opération plus délicate consiste à l'effeuiller avec intelligence, pour ménager à la grappe le contact direct des rayons solaires, qui lui fait prendre cette belle couleur dorée ou purpurine, indices du principe savoureux et sucré. Mais, en mutilant ainsi la **vigne**, on s'expose à la voir se faner et périr.

Le raisin est le plus délicieux, le plus sain de tous les fruits, soit qu'on le savoure dans son éclat et sa fraîcheur, soit qu'on le conserve par une longue et soigneuse dessiccation. Ce sont, en général, les espaliers et les treilles qui fournissent le raisin comestible, et parmi les meilleures espèces il faut citer, en première ligne, le *chasselas* de Fontainebleau, si délicat et si fin ; puis, le muscat d'Italie, si gros et si parfumé ; le raisin de Corinthe, si doux et si menu. Les Anglais recherchent ce dernier pour leur pudding. On le cultivait autrefois dans tous les alentours de Corinthe et, en particulier, aux environs de ce bois de cyprès où Diogène jouissait à sa manière d'un loisir philosophique, lorsqu'il fut surpris par Alexandre. Aujourd'hui cette culture est passée à l'île de Zante et à celle de Céphalonie.

Ce sont les plants qui fournissent plus particulièrement le raisin propre à la vinification, et c'est sous ce rapport surtout que la vigne est une immense richesse. La vinification s'effectue d'une manière fort simple. Quand on a cueilli le raisin, on le porte au pressoir, où on le foule. Bientôt il se détermine dans la masse, qui s'échauffe, une réaction plus ou moins tumultueuse appelée fermentation. Le sucre que renfermait le fruit se décompose et forme, d'une part, l'acide carbonique, qui se dégage, et, de l'autre, l'alcool, qui reste dans la liqueur. Aussi plus le raisin est sucré, plus le vin est riche en alcool, c'est-à-dire généreux. La vinification est terminée, quand la liqueur est à peu près revenue à la température de l'air ambiant, et qu'il ne se dégage plus d'acide carbonique. Le vin, pour être parfait, doit être limpide et d'une couleur franche, avoir un parfum agréable et une saveur délicieuse, ranimer l'estomac en respectant la tête, laisser enfin l'haleine pure et la bouche fraîche.

La fermentation est dite *alcoolique*, ou bien *acide*, selon qu'elle produit de l'alcool ou du vinaigre. Les vins généreux ne passent jamais à l'état de vinaigre. La grappe contient aussi un principe astringent qui empêche la fermentation alcoolique de dégénérer en fermentation acide ; il faut donc laisser la grappe au pressoir, quand le vin n'est pas généreux ; mais, dans le cas contraire, on doit l'en écarter, parce qu'elle donne au vin une âpreté dont il ne se dépouille que lentement.

Les vins mousseux étant mis en bouteille avant que la fermentation alcoolique s'achève, le gaz y reste emprisonné jusqu'à ce qu'il puisse chasser le bouchon, et c'est alors que, s'échappant impétueusement avec la liqueur qu'il soulève, il forme cette multitude de petites bulles désignée par le nom de *mousse*.

Les vins liquoreux sont ceux dans lesquels il arrive un point où l'alcool, résultant de la fermentation, est en si grande quantité qu'il neutralise le ferment, de telle sorte que le surplus du sucre reste indécomposé.

Quand on distille le vin, l'alcool, plus volatil que l'eau, s'en sépare en plus ou moins grande partie et forme l'eau-de-vie, liquide qui n'a plus de couleur, parce que, plus concentré, l'alcool dissout la matière colorante qui était insoluble dans le vin.

Originaire de la Perse, la vigne est un des végétaux dont la connaissance est la plus antique. Elle fut en si grande vénération parmi les premiers peuples de la terre, qu'ils déifièrent sous différents noms l'auteur présumé de cette découverte, que la mythologie appela Bacchus. Noé, à sa sortie de l'arche, lui donna des soins particuliers, continuant ainsi les traditions antédiluviennes, ou plutôt y ajoutant des procédés de culture qui en améliorèrent les produits. Cet arbrisseau s'étendit peu à peu jusqu'aux bords de la mer Noire, d'où les Phéniciens le transportèrent successivement dans la Grèce, en Italie, dans le territoire de Marseille, et bientôt la célébrité passa tour à tour des vins de Palestine, loués par l'Ecriture, à ceux d'Ionie, chantés par Anacréon ; et des vins de Clusium, qui attirèrent Brennus en Etrurie, à ceux de Falerne et de Chio, si vantés par Horace et par Virgile. César, le premier, par un excès de luxe inconnu jusqu'alors, osa mettre ces rivaux en présence dans un grand festin.

Cependant la vigne prospérait dans la Gaule, où, proscrite un moment par Domitien, puis relevée par Probus, elle s'annonçait déjà comme une richesse nationale. Sa culture, sans doute, souffrit plus que toute autre de l'invasion des

Barbares du Nord ; aussi le coteau de Suresne fit-il les honneurs de la table royale sous la dynastie mérovingienne, et le peuple ne trouva-t-il du vin que difficilement et comme cordial chez les apothicaires. Mais, protégée peu après par Charlemagne, elle fut accueillie dans tous les palais des rois carlovingiens, et se montrait encore au XIIᵉ siècle jusque dans l'enclos du Louvre. Les prélats eux-mêmes, imitant l'exemple donné à Tours par saint Martin et à Laon par saint Remy, la favorisèrent d'autant plus, que l'Eglise était métaphoriquement appelée la *vigne du Seigneur*. Enfin, chassée de l'Asie par la loi de Mahomet, la vigne sembla dès lors prendre la France pour patrie adoptive, et les vignobles de Bourgogne acquirent bien vite une telle supériorité, que les ducs de cette province se qualifiaient de seigneurs immédiats des meilleurs vins de la chrétienté. La Champagne, il est vrai, ne tarda pas à protester, et dans ces temps où l'on instruisait des procès en forme contre les sauterelles et les mulots, il ne faut pas s'étonner que cette rivalité se soit formulée en une longue thèse qui, du reste, ne décida rien D'ailleurs, d'autres vignobles français entrèrent en lice, notamment ceux de Bordeaux, qui, célébrés par Ausone, dès le IVᵉ siècle, commencèrent, dans le XIIIᵉ, à être recherchés par les Anglais. La question de suprématie nous importe peu ; il nous suffit de dire que l'excellence de ces vins est encore aujourd'hui tout à fait incontestée, et que chacun d'eux, par des qualités qui lui sont propres, fait les délices des gourmets les plus délicats. Mais il est juste aussi de mentionner avec éloge nos vins généreux du Rhône et du Midi, nos vins muscats de Lunel et de Frontignan, et puis de citer les vins fameux de Chiras, Tokai, Lacryma-Christi, Montefiascone, Malvoisie, Chypre, Madère, Alicante, Malaga, Constance.

Dans les pays où manque la vigne, le vin est principalement remplacé par la *bière*, dont nous avons parlé, page 118, ou par le *cidre*.

Le cidre est une liqueur spiritueuse qu'on retire de la pomme. La pomme la plus propre à donner ce jus alcoolique n'est pas celle à couteau, c'est-à-dire celle de nos tables, mais une pomme âpre et petite, appelée pour ce motif pomme à cidre. Cette espèce est cultivée dans plusieurs de nos départements, et surtout dans ceux qui formaient la province de Normandie.

Après avoir gaulé les pommes par un temps sec, on les écrase au moulin, en y ajoutant un cinquième d'eau ; puis la pulpe est mise au pressoir. Le jus, passé par un tamis de crin, est reçu dans une tonne, où la fermentation s'en empare à la faveur d'une température modérée. La liqueur obtenue par la première expression est le cidre pur ou gros cidre ; en renouvelant, en effet, l'opération on obtient successivement du cidre moyen et une sorte de piquette nommée petit cidre. Sa couleur jaune rougeâtre est exaltée souvent par l'addition d'une certaine quantité de garance.

Quand le cidre est mis en bouteille, avant que la fermentation ait parcouru ses périodes, il revêt, pour ainsi dire, les apparences du vin de Champagne, et ne peut être alors d'un usage ordinaire.

Le cidre fut, comme la bière, inventé par les Egyptiens, qui en enseignèrent la fabrication aux Hébreux, aux Grecs et aux Arabes. Les Maures la transmirent aux Espagnols, qui la firent connaître aux Normands. La Normandie se distingua bientôt par l'excellence de ce produit, que célébra Basselin dans ses Vaux-de-Vire, et, aujourd'hui encore, Isigny est pour le cidre ce qu'est Bordeaux pour le vin.

Le cidre est plus sain, moins capiteux que le *poiré*, liqueur en quelque sorte analogue, qu'on retire d'une espèce de poire qui ne peut être admise dans nos desserts. Il est aussi moins limpide, mais se conserve mieux.

VII. PLANTES TEXTILES.

S'il est un grand nombre de plantes propres à la nourriture de l'homme, il en est peu qui soient destinées à le vêtir. C'est par cette utile spécialité que se recommandent le lin, le chanvre et le cotonnier.

LIN.

Cette plante, dont les différentes espèces forment la petite famille des linacées, s'élève au printemps élégante et légère, couvrant ainsi de son agréable verdure le champ qu'elle doit bientôt embellir de ses fleurs azurées. Mais, aux rayons de l'été qui enrichit sa graine, sa croissance s'arrête, sa tige jaunit, ses feuilles tombent, et c'est à peine si elle végète encore dans les premiers jours de l'automne.

Comment soupçonner dans une plante si menue ces qualités précieuses qui en font cependant une de nos principales richesses ; car, tandis que sa graine, grosse et luisante, recèle une huile douce, propre à l'éclairage et recherchée pour la peinture, sa tige, délicate et cylindrique, s'entoure d'une écorce dont les fibres nombreuses sont les éléments de la toile et du papier.

L'huile de lin est siccative, c'est-à-dire qu'elle sèche assez vite, propriété qui la fait préférer à la fois comme principe des vernis et véhicule des couleurs. On l'obtient par simple pression de la graine ou *linette*, et le résidu peut encore nourrir la volaille et engraisser les bestiaux.

Sa farine, en cédant à l'eau bouillante une partie de son huile, la rend onctueuse et adoucissante; et, sous ce rapport, elle est fréquemment mise à profit par la médecine.

Toutefois le plus beau privilége du lin réside dans son écorce qu'on isole en fils souples et déliés, au moyen de deux opérations ayant pour but, l'une de rouir la tige, l'autre de la tiller. Le *rouissage* consiste à laisser fermenter la plante dans l'eau pour dissoudre la gomme qui tient les fibres liées entre elles et collées à la paille ou chènevotte. Cette fermentation doit être convenablement ménagée, afin de ne pas altérer les fibres elles-mêmes. Comme aussi pour le tillage, c'est-à-dire pour briser la chènevotte, on se sert d'un instrument de bois à lame émoussée, afin de la mettre en éclats sans couper les fils. Ces fils réunis en bottes forment

la filasse, qu'on peigne avec soin pour en séparer la partie la plus grossière, les étoupes ;
mais rien ici n'est sans utilité, car avec les
étoupes on fait des toiles d'emballage, et avec
les fragments de la chènevotte, on allume le
feu. Le meilleur fil, brillant, doux et fort, est
réservé pour la fabrication des toiles fines, de
la batiste, de la dentelle ; le fil ordinaire donne
de bons écheveaux et d'excellentes toiles. Enfin, après nous avoir servi comme le plus sain
des vêtements, le lin change de forme pour nous
être plus utile encore, en devenant le déposi-
taire de nos pensées, car ce sont les vieux débris du linge, qui, triturés et mis en pâte, constituent le beau papier.

Le lin, d'origine probablement asiatique, s'é-
tend aujourd'hui depuis le Delta du Nil jusqu'au
nord de l'Europe, et ne se montre guère plus
dans l'Orient où son usage est remplacé par celui du coton et de la soie. Cependant il fut, dès
la plus haute antiquité, le principal vêtement
des Hébreux, des Assyriens et des Perses. La
Grèce apprit de l'Egypte l'art de le filer, qu'elle
transmit ensuite aux Romains. Mais, au milieu
des convulsions de l'Empire, la culture du lin,
comme toute industrie, fut délaissée. Elle reparut plus tard chez les Arabes, et par eux elle

devint européenne à l'époque des croisades. La quenouille alors reçut avec orgueil cette plante soyeuse, dont le travail varié fut bientôt un de ces délassements domestiques que les plus nobles dames ne dédaignaient pas. Ce furent les Arabes aussi qui, vers la même époque, nous enseignèrent la fabrication du papier, art pratiqué depuis un temps immémorial dans la Chine, mais ignoré de la Grèce et de Rome, qui connurent à peine le papyrus. La papeterie française rivalise avec celle de l'Angleterre et de l'Allemagne. Les Chinois fabriquent le papier de mille façons, avec la soie, le bambou, la paille, etc. Ce produit, en général de qualité supépérieure, est pour eux d'une importance d'autant plus grande que le papier huilé leur sert de vitre. Quant à la préparation du lin, notre département du Nord, qui du reste en cultive une des plus belles espèces, est depuis longtemps en possession de cette intéressante filature; et comme chef-d'œuvre ici de l'industrie française, nous devons citer surtout la batiste, magnifique produit dont, nulle part encore, on n'égale ni la grâce ni la souplesse.

CHANVRE.

Cette plante herbacée et annuelle présente les plus grandes analogies avec le lin, quoiqu'elle

appartienne à une autre famille, celle des urti-
cées. Sa graine, nommée chènevis, fournit une
huile siccative et combustible, inférieure cependant à celle de la linette. Sa filasse est plus forte
que celle du lin, mais moins fine et moins souple. Aussi est-elle appliquée spécialement à la
fabrication des grosses toiles, des cordes et des
câbles. Cette plante est une des conquêtes les
plus utiles que nous ayons faites sur le règne végétal. Outre ses usages dans la lingerie et dans
l'industrie, elle en a de bien plus précieux dans
la marine, où ne peut la remplacer aucune autre
plante textile. Quant à la filature du chanvre,
une révolution immense s'accomplit, de jour en
jour, dans cette précieuse industrie : c'est la
transformation du travail manuel en travail mécanique, pour toutes les opérations qui servent
à convertir le chanvre et le lin en fil et en tissus. Mais dix de nos départements seulement
fournissent à la marine une partie du chanvre
dont elle a besoin, et nous restons encore, pour
ce produit, onéreusement tributaires de la Prusse et de la Russie.

Nous avons cependant plusieurs départements dont la culture du chanvre est une des
principales richesses, et dans quelques-uns sa
qualité rivalise avec celle du chanvre de Riga.

Mais nos toiles communes sont généralement
trop chères, et celles qui sont belles s'élèvent à
des prix excessifs.

Comme le lin, le chanvre ne fut cultivé ou ne
reparut en Europe qu'à l'époque des croisades;
mais, moins délicat, il s'est acclimaté dans presque tous les pays.

COTONNIER.

Ce charmant arbuste, qui selon ses variétés
se pare de fleurs ou jaunâtres ou pourpres,
aime l'air, la chaleur et les plaines voisines de
la mer. Semé au mois d'avril, il lève quelques
jours après, fleurit en juillet et donne son fruit
en septembre. Lorsque sa gousse est mûre et
commence à se sécher, elle s'ouvre d'elle-même, comme pour inviter l'homme à cueillir
bien vite le duvet éclatant qui entoure ses graines; car, sans cela, le coton, qui se trouve extrêmement comprimé, sort et s'étend, et le vent
en disperse une partie considérable, qui s'attache aux feuilles et se perd. Ainsi, tout préparé
des mains de la nature, le coton n'a besoin que
d'être cardé, opération pour laquelle on emploie un moulinet formé de deux rouleaux can-
nelés. Ces rouleaux, tournant en sens contraire,
saisissent le coton qui glisse entre leur surfa-

ce, et le dégagent de la graine qui, ne pouvant passer à cause de son volume, tombe du côté opposé. Puis, pour le mettre en balles, on le foule en l'humectant avec précaution, et c'est ainsi que le reçoivent nos filatures.

Le coton doit être blanc, net et serré ; ce sont ces qualités qui recommandent principalement celui des Etats-Unis d'abord, et puis celui de nos colonies de la Réunion et de Cayenne.

Venu d'Asie, le cotonnier pénétra d'abord en Egypte, puis dans la Grèce ; il est aujourd'hui plus multiplié en Amérique que dans l'Asie elle-même. Sa culture est une richesse pour quelques contrées ; et toutefois, pour en bien apprécier l'importance, n'oublions pas que la moindre récolte de blé est plus productive que la plus abondante récolte de coton.

Le coton manufacturé porte les noms indiens de calicot, percale, mousseline, lorsqu'il est blanc ; et, de toiles peintes, quand il a reçu des couleurs imprimées. Prohibé sous l'Empire, il fut alors très-recherché ; mais, sous la Restauration, ses prix commencèrent à diminuer rapidement, car ce genre de fabrication prit aussitôt un développement considérable.

La France possède aujourd'hui des filatures de coton qui ne craignent, en Europe, aucune rivalité ; et, si elles obtenaient à meilleur marché le charbon, le fer et les machines, elles pourraient soutenir la concurrence anglaise en livrant aussi leurs produits à égalité de prix. Le travail du coton est devenu, en effet, une de nos principales industries dans une dizaine de départements, et notamment dans celui de la Seine-Inférieure. Nos tissus et nos mousselines de Tarare et de St-Quentin ont acquis une supériorité remarquable. Ce progrès de la manufacture du coton, en a déterminé un autre, plus sensible peut-être, dans l'industrie des impressions qui a pour foyers Mulhouse et Rouen. Mulhouse est aujourd'hui la ville du globe qui fabrique le plus de toiles peintes ; elle excelle principalement dans les couleurs fines, et le goût de ses dessinateurs l'emporte de beaucoup sur celui de tous les dessinateurs de l'Europe. Rouen a pour spécialité, au contraire, l'impression des tissus communs et d'un teint moins solide, mais aussi d'un prix accessible aux plus petites fortunes.

VIII. PLANTES OLÉIFÈRES.

OLIVIER.

La plante qui donne par excellence l'huile comestible est l'Olivier.

Cet arbre, de la famille des jasminées, a des proportions qui varient selon les espèces et selon les climats. Ses branches sont presque disgracieuses et, bien que ses feuilles restent vertes, son aspect est toujours triste; car à ses fleurs sans parfum et d'un blanc indécis, succèdent de petits fruits plus pâles encore que son feuillage. Mais, à défaut d'élégance et de parure, l'olivier se distingue par des qualités essentielles : la durée de sa vie, la simplicité de sa culture, la dureté de son bois et la suavité de son huile.

Sa vie, n'a, pour ainsi dire, pas de bornes; il ne peut périr en effet que par le froid, et il renaît dans ses moindres racines. Sa culture consiste principalement à l'abriter contre le nord ; il demande même une température assez constante, se plaît sur les coteaux voisins de la mer et inclinés vers le soleil, et préfère surtout le littoral de la Méditerranée. On le multiplie ordinairement par rejetons, attendu que, par semis, il ne porterait de fruits qu'après plusieurs années, et en emploierait plus de trente pour atteindre son entier développement. A sa racine s'attache parfois un champignon phosphorescent. Son bois peut revêtir un beau poli; les tabletiers et les ébénistes l'utiliseraient plus souvent, si l'olivier n'était un de ces arbres qu'il est plus sage encore de conserver, parce que son plus riche produit est l'olive, qui donne cette huile si belle, si douce et si pure.

L'olive doit être cueillie à la main ; et c'est pour favoriser ce mode d'olivaison que, dans la Provence, l'arbre est tenu fort bas. Mais l'époque la plus convenable diffère, suivant qu'on destine l'olive à être employée comme fruit ou bien à donner de l'huile. Dans le premier cas, on fait la cueillette au mois de juillet ; dans le second cas, beaucoup plus tard, sans attendre cependant que l'olive soit parvenue à sa complète maturité. Car alors elle serait plus productive, sans doute ; mais son huile serait grasse, jaune, peu agréable, tandis qu'elle doit être limpide, verte et savoureuse. Tel est en grande partie le secret de la supériorité de nos huiles françaises.

Souvent l'huile vendue sous le nom d'huile d'olive est un mélange de cette huile avec celles d'œillette, de sésame, de faîne. Il est facile de reconnaître la fraude à tous les degrés. Sous l'action de l'*eau oxygénée*, l'huile d'olive pure prend une teinte verte ; tandis que l'huile d'œillette pure prend une teinte rosée ; et, dans les deux cas, la coloration est instantanée. S'il y a mélange des deux huiles en proportion variable, la coloration varie elle-même et ne se produit qu'après deux ou trois minutes. Si l'on opère sur l'huile de *sésame* pure, la teinte est d'un rouge vif; si l'on agit sur l'huile de *faîne* pure, la teinte est d'un rouge ocracé.

Les huilles d'œillette, de faîne, de sésame sont comestibles, mais elles sont inférieures à celle d'olive et le prix en est moins élevé.

L'olive est aussi un hors-d'œuvre qui paraît sur les tables les plus délicates. Pour corriger son goût acerbe, on la confit dans de la saumure, sorte de préparation salée et aromatique. Toutefois il faut être sobre de ce fruit, qui se digère difficilement.

Pour extraire l'huile, on broie d'abord la pulpe avec ou sans le noyau, puis on met au pressoir. L'huile venue par la seule pression de la pulpe, est la plus fine et se nomme huile vierge : celle qui dérive à la fois de la pulpe et du noyau, est moins délicate ; celle qu'on n'obtient qu'en faisant concourir aussi l'action de l'eau chaude, est de qualité de plus en plus inférieure, et cesse enfin d'être comestible pour n'être propre qu'à l'éclairage. Le résidu de l'opération, c'est-à-dire ce qui reste de l'olive, quand elle a cédé toute l'huile qu'elle contenait, se nomme tourteau, et sert pour nourrir la volaille et les bestiaux. L'huile doit être tenue à une température modérée, sans contact à la fois avec l'air, qui la rancit, et avec le cuivre, qu'elle fait vert-de-griser.

Originaire de l'Asie, l'olivier fut un des arbres les plus célèbres dans l'antiquité. L'Egypte croyait le tenir de Mercure ; et la Grèce, de Minerve. Partout on le vénéra comme un présent des dieux, et partout il eut le privilége d'être le symbole de la paix. Celui qui fut planté dans les murs d'Athènes, lors de la fondation de cette ville, existait encore plus de trois mille ans après, puisque notre poète Delille en cueillit lui-même un rameau. Ce qui est plus certain, c'est qu'on en voit encore quelques pieds défendus par une enceinte dans le Jardin des Oliviers. La Gaule dut aux Phocéens la connaissance de cet arbre, qu'ils plantèrent, en effet, à Marseille. L'excellence de son huile fut appréciée dès les temps les plus reculés ; on savait déjà l'extraire, à l'époque de Jacob. L'huile d'onction de Moïse témoigne aussi que, depuis bien longtemps, elle est employée dans les cérémonies religieuses ; on en sacrait, comme aujourd'hui, les pontifes et les rois ; on la versait sur les bûchers funèbres. Les athlètes s'en frottaient le corps pour avoir plus de souplesse et pour être moins affaiblis par la sueur. Aristote nous apprend que l'huile était pour les Phéniciens une branche de commerce fort importante. Aujourd'hui ses emplois sont plus étendus; elle est indispensable pour la cuisine, surtout dans les contrées que le peu de fourrage prive de beurre; elle sert au parfumeur pour fixer l'arome fugace de quelques plantes; le mécanicien l'utilise pour rendre ses ressorts plus mobiles et pour en empêcher l'usure par le frottement; enfin elle est employée pour l'éclairage, pour la saponification, et dans la pharmacie. La saponification ou fabrication du savon se fait en France avec de l'huile d'olive et 0,25 d'huile d'œillette, et pour base, on emploie la soude. Le savon est véritablement, pour le chimiste, un sel neutre qui conserve cependant la propriété de rendre soluble les substances grasses et de les détacher ainsi du linge. Le savon est blanc ou marbré. Le savon blanc contient plus d'eau, et, sous ce rapport, il convient moins dans l'économie domestique; mais pour le travail de la soie, comme pour la toilette, il est préférable au savon marbré, qui tacherait.

L'olivier ne se montre guère que sur les bords de la Méditerranée. Son huile est la meilleure de toutes assurément; il n'est même pas proba-

ble que l'art parvienne jamais à donner aux autres les qualités qui la caractérisent. Cependant
il ne faut pas que cette prééminence incontestée nous fasse méconnaître, dans les autres
plantes oléagineuses, l'importance de leur huile
pour l'industrie en général, et spécialement
pour les pays où manque l'olivier. Telles sont
les huiles de pavot, de faîne, de sésame, de colza, de navette, de caméline, de linette, de chènevis, d'amande et de noix.

Le *pavot* est une plante célèbre à tige herbacée.
En Europe, on ne le cultive guère que pour retirer de sa graine une huile blonde et agréable,
mais impropre à l'éclairage. Dans l'Inde anglaise, au contraire, on ne le cultive que pour faire
couler de sa *capsule* un suc narcotique qu'on
appelle *opium*. Quand la capsule ou tête de pavot,
encore verte, est entièrement développée, on y
pratique légèrement des incisions horizontales.
L'opium afflue dès lors sous forme de suc lai-
teux, on le recueille quelques minutes après,
parce qu'il ne tarderait pas à se solidifier, et la
récolte en deviendrait ainsi fort difficile. On le
place dans des vases à fond plat, qu'on recouvre
d'une feuille de verre pour l'abriter de la poussière et de l'eau. On l'expose ensuite au soleil,
en le retournant de temps en temps, afin d'en

activer la dessication , et l'opium finit par prendre une teinte d'un brun noirâtre. Ordinairement l'opium n'est employé qu'en médecine; mais, depuis une trentaine d'années, les Chinois ont la funeste habitude de fumer cette substance. Or, l'importation de l'opium qui, en 1837, ne fut que d'environ 80 kilogrammes, atteignit, en 1856, le chiffre énorme de 127 millions de kilogrammes.

Comme l'opium, que la pharmacie reçoit ordinairement de Smyrne , de Constantinople , d'Egypte, lui arrive presque toujours falsifié, on commence dans quelques départements, et notamment dans celui de la Somme, à cultiver le pavot pour recueillir non-seulement l'huile de la graine, mais encore le suc de la capsule. L'opium français contient 15 à 20 pour 100 de *morphine*. L'opium exotique est par lui-même plus riche en morphine, mais, par l'effet des sophistications, il n'en contient commercialement que de 8 à 12 pour 100. Ajoutons que la récolte opérée sur la capsule ne diminue en rien la quantité d'huile produite par la graine.

L'huile de pavot ou d'œillette est la plus estimée après celle d'olive. L'huile de faîne est aussi fort employée comme assaisonnement.

Parmi les huiles destinées à l'éclairage, nous

ne devons citer ici que celles de colza, de navette et de caméline. Mais disons d'abord que ces huiles doivent être épurées, c'est-à-dire, dégagées d'un matière mucilagineuse qui nuirait à l'éclairement, produirait beaucoup de fumée et encrasserait les lampes. L'acide sulfurique carbonise cette matière mucilagineuse et n'agit point sur l'huile elle-même ; il se fait ainsi comme une sorte de bouillie sulfurique qui se dépose dans la caisse où s'effectue l'opération, tandis que l'huile s'écoule au moyen de mèches de coton qui, par *capillarité*, la font passer à travers des trous que présente le fond même de la caisse.

Le *colza*, type des choux, et qui tient le plus de la nature sauvage, est de la même famille que la *navette*, et son huile, d'une qualité tout à fait analogue, est excellente pour l'éclairage.

La *caméline*, plante annuelle et textile comme le lin, fournit une filasse beaucoup moins belle, mais une huile combustible très-estimée.

Ces plantes sont cultivées en grand dans le nord de la France et de l'Europe. Quant aux huiles de linette, de chènevis et de noix, nous avons déjà parlé des deux premières et nous parlerons de la dernière à l'article spécial du noyer.

IX. PLANTES SACCHARIFÈRES.

Le sucre n'appartient pas exclusivement au végétal connu sous le nom de canne à sucre. Il existe en effet tout formé dans une multitude de plantes, d'où le sirop peut être exprimé par compression. Ce sirop, soumis à l'évaporation, constitue le sucre brut. Ce sucre, soumis lui-même au raffinage, donne un sirop purifié qui, par sa cristallisation, produit le sucre blanc. M. Biot a indiqué un caractère optique à l'aide duquel on distingue immédiatement les sucs végétaux qui peuvent produire du sucre cristallisable ou bien du sucre incristallisable.

Le sucre cristallisable est le seul qui intéresse le commerce. Dépouillé de sa partie incristallisable et de toute substance étrangère, il est solide, blanc, d'une saveur très-douce, plus ou moins sonore et dur, suivant les circonstances qui ont accompagné sa cristallisation. Son opacité provient de la confusion des cristaux; car il est translucide, quand on les laisse se former en liberté. Il acquiert quelquefois une dureté considérable; mais, comme il reste toujours très-cassant, il peut être facilement réduit en poudre très-fine.

Le sucre est inaltérable à l'air, à moins que l'atmosphère ne soit très-humide, car alors il absorbe une petite quantité d'eau. Soumis à l'action de la chaleur, il se boursouffle, se noircit, se décompose en répandant une odeur particulière appelée odeur de caramel, et se transforme en une matière gluante, qui paraît avoir beaucoup d'analogie avec le sucre incristallisable.

Le sucre est très-soluble dans l'eau. Celle-ci, à la température ordinaire, en dissout son propre poids ; mais, à mesure que sa température s'élève, elle en dissout des proportions de plus en plus grandes. Quand elle en est saturée, elle prend le nom de *sirop*. Un sirop très-concentré n'éprouve aucune altération au contact de l'air ; un sirop très-étendu s'aigrit et se couvre de moisissure.

L'usage modéré du sucre en fait un condiment très-utile. Il forme, avec l'eau, une boisson agréable et saine ; et, avec le vin, un cordial excellent ; ajouté au café, il en fait ressortir l'arome et le rend moins amer ; uni à l'alcool, il constitue les liqueurs.

Les deux plantes les plus riches en sucre cristallisable sont : la canne à sucre, dans les climats chauds ; la betterave, dans les régions tempérées.

CANNE A SUCRE.

La canne à sucre appartient à la famille des graminées, où ses qualités utiles la placent après le riz et le froment, mais où elle domine par la majesté de son port, la beauté de son feuillage et l'élégance de ses fleurs. Sa racine supporte plusieurs tiges, dont la tête qui s'étale en éventail est terminée par une flèche que surmonte une aigrette soyeuse. Chacune de ces tiges, semblable à un roseau, s'emplit, sous forme de moelle, d'une substance où abonde le sucre.

Originaire des Indes Orientales, la canne s'est aujourd'hui propagée dans les différentes parties de la terre, et surtout en Amérique. Mais elle ne quitte qu'à regret les contrées équinoxiales, où elle trouve mieux qu'ailleurs cette alternative de chaleur et d'humidité si propre à son entier développement. Au delà du quarantième degré, elle ne fournit même plus de sucre cristallisable.

La canne donne des produits successivement pendant quinze années, et puis se renouvelle par bouture avec une merveilleuse fécondité. Mais elle redoute, à l'égal du vent qui la renverse et du froid qui la tue, les attaques mortelles des rats et des fourmis. Ses feuilles vertes sont un bon fourrage pour les bestiaux, ses sommités desséchées servent à couvrir les cases, ses tiges fournissent un bon combustible ; mais l'objet principal de sa culture est l'extraction du sucre.

Cet art, ignoré des Hébreux, des Egyptiens, des Phéniciens, de la Grèce et de Rome, était connu des Chinois près de deux mille ans avant l'arrivée de cette plante en Europe. Ce fut vers la fin du XIVe siècle que la Sicile la première reçut la canne, qui, depuis cent ans environ, avait été transportée d'abord en Arabie, puis en Afrique, enfin dans la Syrie ; mais le sucre qu'on en retirait était gras et noir comme celui d'Egypte et d'Arabie. Les Portugais la plantèrent en 1420 dans l'île de Madère, d'où elle passa ensuite en Amérique, et c'est là que la fabrication du sucre fit bientôt de véritables progrès.

Et d'abord, pour faire la récolte de la canne, on n'attend pas sa maturité complète, mais on choisit le moment où le sucre y abonde le plus, après avoir acquis cependant toute sa perfection. On coupe les tiges au ras de terre, et après en avoir enlevé la flèche, on les effeuille et on les écrase entre deux cylindres. Le suc ou vin de canne obtenu par cette première opération

est conduit dans des chaudières où on le fait
bouillir aussitôt, et, pour empêcher la fermentation qui décomposerait le sucre, on y ajoute
une certaine quantité de chaux. On écume la
liqueur, et, quand elle est suffisamment con-
centrée, on la filtre à travers une étoffe de laine
pour en isoler les substances étrangères. Ce sirop, évaporé de nouveau, est ensuite versé dans
un récipient nommé rafraîchissoir, où par le
refroidissement, il se *graine*, c'est-à-dire se
prend en masse de cristaux confus. En débou-
chant des ouvertures convenablement dispo-
sées, on permet l'écoulement de la partie incristallisable appelée *mélasse*, et le sucre brut ainsi
obtenu est la *cassonade*, qu'il faut *raffiner* pour
l'amener à l'état de sucre blanc. Le raffinage a
pour résultat de dégager la partie cristallisable
de la partie sirupeuse qui s'y trouve encore mêlée. Cette opération consiste à dissoudre la cassonade dans de l'eau de chaux ; il se fait, au feu,
une écume épaisse qui entraîne les matières
étrangères, et qu'on enlève successivement.
Quand la liqueur est devenue limpide, on la décolore par le noir animal, on la filtre, puis on
la concentre par une nouvelle ébullition, et on
la met en forme dans des moules coniques.
Mais le sucre n'est pas entièrement débarrassé

de sa mélasse; il faut enfin le terrer, c'est-à-dire lui faire subir une espèce de lavage. Pour cela, le moule étant disposé la pointe en bas, on place sur sa base de l'argile imbibée d'eau, qu'on renouvelle de temps à autre; l'eau filtre à travers les interstices des cristaux, et entraîne la mélasse qui s'écoule au dehors. Après le terrage, on laisse égoutter le sucre, on le sort des formes, on l'expose à la chaleur, en plaçant le cône sur sa base, afin que l'humidité qui se trouve au sommet se répande dans toutes les parties du pain; on le porte ensuite à l'étuve, où il reçoit une dessiccation parfaite.

Le raffinage du sucre, que Venise inventa dans le XVe siècle, est une des branches les plus importantes de l'industrie française.

En résumé, le jus de canne, comme celui de betterave, se compose d'eau, de sucre, de matière colorante et d'albumine. On élimine : l'albumine, par la chaux; la matière colorante, par le charbon; l'eau, par la chaleur. Ce qu'il faut le plus éviter, c'est ce qui peut altérer le sucre : l'élévation de la température et la durée de l'opération. Le but de tout perfectionnement dans les appareils est donc ici d'évaporer à la moindre température possible et d'abréger l'opération.

BETTERAVE.

Cette plante modeste est probablement fille de la culture; du moins on ne la trouve plus à l'état sauvage, et, privée de soins, elle dégénère promptement. Elle se plaît dans les terres fortes et bien fumées, et peut supporter un climat assez froid. Semée en mars, elle est arrachée en automne. Sa racine, grosse et savoureuse, est un aliment agréable et sain pour l'homme ainsi que pour les bestiaux. Ses feuilles forment un excellent engrais. Sa culture remue et nettoie si profondément le sol, que le froment qui lui succède produit de superbes moissons. Sa plus précieuse qualité toutefois est d'élaborer le sucre, qualité si peu soupçonnée d'abord, que la betterave, inconnue elle-même en France au milieu du XVIe siècle, n'y était presque pas cultivée à la fin du XVIIIe.

A l'époque du fameux système prohibitif appelé *blocus continental*, les Anglais à leur tour s'emparèrent de nos colonies ou bloquèrent nos ports, et bientôt le sucre devint d'une excessive cherté. On demanda cette substance à des végétaux divers, et Achard, chimiste prussien, paraît avoir été le premier qui s'occupa sérieusement de cet objet. La racine de betterave fut celle sur laquelle il fixa d'abord son attention ; ses essais l'encouragèrent à multiplier ses expériences, et il parvint à obtenir un sucre dont les propriétés étaient égales à celles du plus beau sucre de canne. Cette invention, loin d'être accueillie avec empressement, ne trouva d'abord que des détracteurs. Comment en effet, disait-on, transformer en sucre une humble racine ! Maintenant, et depuis surtout que l'identité de ces deux sucres a été constatée par des analyses répétées, on ne fait plus de différence entre le sucre de betterave et celui de canne. Tous les deux sont également introduits dans le commerce, et déjà même la France, centre principal de cette fabrication, possède plusieurs établissements où le sucre de betterave est obtenu en grande quantité.

Le procédé de fabrication est simple et facile. A peine arrachée, la betterave est broyée et réduite en pulpe. On fait macérer cette pulpe dans l'eau qui en dissout tout le sucre, et ce sirop est ensuite traité d'une manière analogue à celle que nous avons indiquée pour le sirop de canne.

Seulement le raffinage, qui n'est presque, pour le sucre de canne, qu'une question de luxe, est ici une condition essentielle, parce que le jus de betterave contient beaucoup plus que celui de canne, des matières colorées, amères, astringentes. De telle sorte que, sans le raffinage, il retiendrait encore une partie de la saveur désagréable qui le caractérise. Dans quelques fabriques, on supprime complètement le noir animal; on le remplace par l'alcool, qui décolore avec plus d'énergie et précipite aussi les matières astringentes.

Certes, nous n'essayerons point de résoudre la haute question d'économie politique qui résulte de la rivalité du sucre de betterave et du sucre de canne. Nous nous félicitons seulement d'entrevoir qu'un produit désormais si nécessaire ne peut manquer de descendre à la portée de toutes les fortunes, alors même que succombant dans la lutte, l'industrie du sucre indigène n'eût fait que pousser au progrès celle du sucre de canne. Une simple citation suffira pour prouver l'importance acquise désormais à ce produit. Sous le règne de Henri IV, le sucre était encore si rare en France qu'il se vendait à l'once chez le pharmacien, à peu près comme on achète aujourd'hui du sulfate de quinine. En 1700, notre consommation entière ne dépassait pas un million de kilogrammes; elle s'élève aujourd'hui à plus de 175 millions : d'où résulte qu'en tenant compte de la différence de population, notre consommation est devenue cinquante fois plus forte. Elle est annuellement de cinq kilogrammes par personne.

X. PLANTES TINCTORIALES.

Les substances colorantes ont un grand intérêt par leur application sur les étoffes. Toutes se fanent plus ou moins au simple contact de l'air, dont l'oxygène se porte sur la matière colorante et la brûle plus ou moins vite. Pour mieux appliquer les couleurs sur les tissus, le blanchîment de l'étoffe est nécessaire : on l'appelle *décreusage* pour la soie, *désuintage* pour la laine. Mais plusieurs d'entre elles n'ont pas assez d'affinité pour s'appliquer directement sur les tissus ; elles exigent des intermédiaires qu'on appelle *mordants,* et ces intermédiaires, qui sont ordinairement des oxydes métalliques, n'amènent la combinaison de la couleur avec l'étoffe que parce qu'ils ont à la fois de l'affinité pour l'une et pour l'autre. Les couleurs que nous offre la nature sont très-nombreuses assurément; mais cette immense variété peut dans l'industrie, comme en optique, dériver de trois couleurs seulement : le rouge, le jaune et le bleu. Dans les arts, on distingue aussi les couleurs d'après leur persistance sous.l'action des agents chimiques. Quand la couleur résiste, on l'appelle *bon teint;* quand elle est fugace, *mauvais teint.* Malgré leur fugacité, quelques couleurs, fort riches ou fort belles, sont très-employées, car il suffit alors que leur durée égale celle de l'étoffe qui doit les porter. Du reste, la matière colorante est donnée par différentes parties des plantes : la fleur, la feuille, la racine, la tige, le bois.

1° La couleur rouge est obtenue du bois des arbres dits de Campêche et de Fernambouc, de la racine de garance, de la fleur de carthame et d'une espèce de lichen, appelé orseille. La nuance du rouge est sombre dans le campêche; vive dans le fernambouc; orangée dans la garance; rose dans le carthame; très-sombre dans l'orseille. Notre étude ne s'arrêtera que sur la garance.

GARANCE.

Cette plante vivace, de la famille des rubiacées, pousse plusieurs tiges herbacées, dont les angles se hérissent de petites pointes crochues, à l'aide desquelles ces tiges si faibles se soutiennent mutuellement. Elle réussit dans le sol même qui paraît le plus ingrat, surtout dans les terrains calcaires.

11

Il est plus convenable de la semer que de la planter, ce dernier moyen n'étant adopté que pour obtenir plus vite des produits. On n'en doit faire alors la récolte qu'à la fin de la troisième année, parce que les racines ainsi sont devenues plus fortes et plus chargées de matière colorante ; mais, dès la seconde année, on en fauche l'herbe pour servir de fourrage aux bestiaux, et cette opération, qui peut être renouvelée jusqu'à trois fois, sert même à l'accroissement de la plante. La matière colorante appelée alizarine, en est obtenue par la macération de la racine qu'on a d'abord broyée ; on la précipite ensuite, et on la nuance par divers agents chimiques.

La couleur n'en est pas d'un rouge éclatant, mais rien ne peut l'altérer. Elle est d'un grand usage dans la teinture des laines. Elle sert de plus à fixer les couleurs déjà employées sur les toiles de coton, et à rendre plus solides beaucoup d'autres couleurs composées. L'alizarine est d'un rouge orangé. L'ammoniaque lui donne une couleur pensée, et l'éther une couleur d'or. Son véritable mordant est l'alumine, sur laquelle elle se fixe ; et la teinte varie d'intensité, selon la proportion même de la base. On peut ainsi, par la garance seule, appliquer sur

le même tissu des nuances variées, en variant
les proportions de la base ou la base elle-même. Quand on remplace l'alumine par l'oxyde
de fer, on obtient une teinte qui peut passer du
violet au noir.

Pour rendre la dissolution colorée plus visqueuse, on y ajoute une certaine proportion de
gomme ou d'amidon. Tout l'art du teinturier
consiste donc dans la préparation et l'application des mordants.

Cette plante, devenue française sous Colbert,
n'est cependant pas, dans nos départements,
aussi cultivée qu'elle devrait l'être, et nous
sommes encore en partie tributaires, sous ce
rapport, de la Turquie asiatique, et surtout de
la Hollande, qui longtemps en eut seule le monopole. Nos meilleures garancières sont celles
d'Avignon et de Strasbourg (1); les plus riches
du globe sont celles de la Zélande et de Smyrne.

2º La couleur jaune se présente dans presque
toutes les plantes. On ne la retire cependant,
par préférence, que de la gaude, du bois jaune
du Brésil et du bois de sumac. Nous ne nous
occuperons que de la gaude, qui fournit, en ef-

(1) *Voyez ces villes. Nouvelle Géographie de la France,*
par l'auteur, 3e édition

fet, le jaune le plus solide et le plus beau. On fait bouillir la plante dans l'eau, la couleur s'y dissout et puis elle s'applique parfaitement quand on plonge dans le bain l'étoffe qu'on a mordancée auparavant avec de l'alun. Cette couleur, qui est bon teint comme la garance, est très-sensible à la présence du fer dans le mordant et passe alors au brun foncé.

SAFRAN.

Quoique le safran ne soit pas employé dans la teinture proprement dite, cependant l'économie domestique en fait un suffisant usage pour que nous pensions lui ouvrir ici une place.

Cette plante herbacée, de la famille des iridées, n'a pas de tige. Ses fleurs et ses feuilles sortent immédiatement de la racine qui est bulbeuse. Ses fleurs, qui se montrent en octobre, doivent être cueillies aussitôt, car ce sont leurs filets intérieurs qui constituent le safran. Aux fleurs succèdent les feuilles, qui, durant l'hiver, couvrent le sol de leur verdure, se perdent au printemps, et ne sont jamais surprises par l'été. Après quelques nouveaux soins de culture, de nouvelles fleurs paraissent encore au mois d'octobre, et puis de nouvelles feuilles ; mais, à la quatrième récolte, la plante elle-même est arrachée. Elle est du reste fort délicate, et craint surtout une espèce de champignon parasite et souterrain qui l'épuise et qui la tue : on ne l'en délivre guère qu'en isolant par des tranchées profondes la partie du champ qui en est infestée.

La récolte du safran est minutieuse ; elle devient quelquefois pénible, car les fleurs peuvent se succéder avec une abondance et une rapidité qui ne laissent à l'agriculteur aucun repos.

Pour obtenir la matière colorante, qui est amère et aromatique, on dissout dans l'eau ces petits filets, dont une extrémité est jaune pâle, et l'autre rouge orangé. La teinte est d'un jaune peu solide ; on en colore le beurre, le vermicelle, les crêmes, les gâteaux, particulièrement dans le Midi. Les Anciens estimaient beaucoup le safran comme aromate. Dans le moyen-âge, il fut, sous le nom d'or végétal, considéré comme un remède universel. Aujourd'hui ses propriétés médicales sont très-limitées.

Cette plante, qui croît naturellement dans l'Orient et en Italie, est cultivée avec soin dans quelques-uns de nos départements. On cite le safran d'Angleterre et de Corfou ; mais celui de Pithiviers est le plus estimé de l'Europe, et peut-être le meilleur du globe.

3° La couleur bleue est donnée par l'indigotier, le polygonum tinctorium, le pastel. Nous ne devons dire qu'un mot de ces deux dernières plantes, quoiqu'elles réussissent fort bien dans nos climats. En effet le pastel n'est plus cultivé maintenant, du moins comme plante tinctoriale ; et quant au polygonum tinctorium, il est à désirer encore qu'on établisse nettement si le prix de revient permettra de considérer cette plante comme une rivale de l'indigotier.

INDIGOTIER.

Cette plante herbacée, de la famille des légumineuses, prend, sous la zone torride, les proportions d'un petit arbrisseau. Elle est très-sensible aux influences atmosphériques, et, dès qu'elle se montre, il faut sarcler tout autour le terrain, pour la défendre des autres herbes qui, croissant aussi vite qu'elle, pourraient l'étouffer. On la coupe dès que s'ouvrent ses fleurs, rougeâtres, petites, inodores ; parce que ses feuilles, devenant bientôt dures et sèches, donneraient beaucoup moins d'indigo. Cependant, comme ce premier produit n'a pas épuisé la plante, elle pousse successivement de nouveaux rejetons, qui sont cueillis de deux mois en deux mois jusqu'à ce que la plante dégénère, c'est-à-dire jusqu'à la fin de la première ou de la séconde année, selon la qualité du sol. Aucune plante peut-être n'a plus d'ennemis : les chenilles surtout, en quelques heures, font quelquefois un désert du plus beau champ d'indigo.

La matière colorante de l'indigotier est d'un bleu solide et magnifique. Pour l'obtenir, on fait macérer les feuilles dans l'eau ; la fermentation en dégage la fécule colorante qu'on précipite ensuite, en y ajoutant de l'eau de chaux.

Originaire de l'Inde orientale, l'indigotier fut peut-être connu des Anciens, et Pline semble même le désigner sous le nom *Indicum*. Toutefois, au commencement du XVIIIᵉ siècle encore, on avait en Europe les idées les plus inexactes sur la nature de l'indigo, et cette substance y fut considérée longtemps comme une pierre. Les Espagnols la transportèrent de l'Inde en Amérique. Henri IV, voulant protéger le pastel, alors une des principales branches de l'agriculture française, prononça la peine de mort contre tous ceux qui emploieraient l'indigo, *drogue fausse et pernicieuse* (édit de 1609), et la même prohibition fut prononcée en Angleterre. Aujourd'hui les nations européennes cherchent à cultiver l'indigotier dans leurs colonies. Cette plante réussit parfaitement en Algérie. La plus belle espèce nous vient du Bengale et de Guatemala. Rappelons ici que du goudron de la houille on retire une couleur bleue supérieure à celle de l'indigotier.

COULEURS EMPLOYÉES DANS LES SUCRERIES.

Il est essentiel de connaître les substances colorantes employées dans la coloration des bonbons, pastillages, dragées ou liqueurs, et surtout il importe de connaître et de constater les substances colorantes qui trop souvent y portent des propriétés vénéneuses.

Occupons-nous d'abord des couleurs inoffensives.

I. COULEURS SIMPLES :

1° *Couleurs bleues*. — L'indigo, le *bleu de Prusse*, l'outremer pur. Ces couleurs se mêlent facilement avec toutes les autres et peuvent donner ainsi toutes les teintes composées dont le bleu est un des éléments.

2° *Couleurs rouges*. — La cochenille, le carmin, la laque carminée, la laque du brésil, l'orseille.

3° *Couleurs jaunes*. — Le safran, la *graine* d'Avignon, la *graine* de Perse, le quercitron, le curcuma, le *pastel*. Les jaunes qu'on obtient avec plusieurs de ces substances, mais surtout avec la graine d'Avignon ou de Perse, sont plus brill-lants et moins mats que le jaune de *chrôme*, qui est dangereux.

II. COULEURS COMPOSÉES :

1º *Vert.* — On peut produire cette couleur par le mélange du bleu avec les diverses couleurs jaunes; mais le plus beau peut-être, le plus brillant, est celui qu'on obtient en mêlant le bleu de Prusse avec la graine de Perse; il rivalise avec le vert de *Schweinfurt*, qui est un violent poison.

2º *Violet.* — Par des mélanges convenables de bois d'Inde et de bleu de Prusse, on obtient toutes les teintes désirables.

3º *Pensée.* — Le mélange du carmin et du bleu de Prusse donne des teintes très-délicates et très-belles.

4º Toutes les teintes composées peuvent être obtenues par des mélanges convenables des diverses matières colorantes que nous venons d'indiquer.

LIQUEURS.

Pour la préparation des liqueurs, on peut faire usage de celles des substances précitées qui conviennent à leur coloration. On peut employer en outre :

Pour le curaçao de Hollande, le bois de campêche;

Pour les liqueurs bleues, l'indigo *soluble* ;

Pour l'absinthe, le safran mêlé avec le bleu d'indigo soluble.

Maintenant signalons avec soin les substances colorantes plus ou moins nuisibles et, par conséquent, prohibées : ce sont, en général, toutes les couleurs minérales, et notamment les composés de *cuivre*, les oxydes de *plomb*, le sulfure de *mercure*, le *chromate* de plomb, l'*arsenite* de cuivre, le vert anglais, le *carbonate de plomb*, les feuilles de chrysocale.

Heureusement il est assez facile de reconnaître la présence de ces substances dangereuses. (1)

XI. ARBRES.

La nature semble se complaire dans la production des arbres, et s'en réserver, pour ainsi dire, tout le soin. Avec quelle harmonique économie, elle distribue, en effet, à chacun d'eux un gage spécial de sa prédilection. Aux uns elle donne un port gracieux, une forme splendide,

____

(1) Voir *couleurs prohibées*, aux notes explicatives.

ou une taille élancée; aux autres, un riche feuillage, des fleurs élégantes ou des fruits exquis. (1)

Tous les arbres se reproduisent de graines comme les autres plantes; mais ils se prêtent aussi à des moyens particuliers de reproduction que l'homme emploie de préférence, soit pour conserver la variété qui l'intéresse le plus, soit pour hâter ses jouissances. Toutefois le premier mode est le meilleur, car leurs pivots s'enfoncent alors à une grande profondeur, tandis que leur cime s'élève dans le haut des airs; c'est d'ailleurs le procédé suivi par la nature, qui fait germer leurs graines par le vent, pour qu'elles puissent ainsi rencontrer les circonstances propres à leur germination.

Les arbres sont les géants du règne végétal. Sous le rapport de leurs dimensions, ils se distinguent en *arbres*, *arbrisseaux* et *arbustes*. Ces transitions décroissantes sont difficiles à préciser; cependant tout tronc au-dessus de 6 mètres est un arbre, et au-dessous de 1 mètre n'est qu'un arbuste.

---

(1) Dans notre livre intitulé : *Quelques harmonies de la Nature*, nous avons essayé de développer ce point avec tous les détails convenables.

Sous le rapport de leurs usages, ils se divisent en arbres *fruitiers*, arbres *forestiers*, et arbres *ornementaires*.

Les arbres fruitiers produisent cette diversité infinie de fruits qui flattent la vue, l'odorat et le goût, et présentent à l'homme une nourriture saine, légère, variée. Les *fruits à noyau* sont plus hâtifs, mais se conservent moins que les *fruits à pepin*, qui viennent sur nos tables quand les autres ont disparu. Parmi les procédés de culture qui ont singulièrement perfectionné les fruits de nos jardins, il faut surtout citer la taille, opération qui ne convient qu'aux végétaux réduits à l'état domestique. Sous le rapport de l'utilité, elle tempère la fougue des arbres sauvageons et les contraint ainsi à mieux élaborer leurs fruits ; sous le rapport de l'agrément, elle dispose leurs branches dans les formes gracieuses ou pittoresques de bouquet, d'éventail, de voûte, de pyramide.

Les arbres forestiers ont un aspect plus imposant et une importance beaucoup plus grande. Ce furent les bois qui protégèrent l'enfance des sociétés. L'homme sauvage en tira sa première cabane et son premier aliment ; l'homme civilisé leur doit les matériaux immenses de ses villes et de sa marine, comme aussi la plupart des instruments qu'il emploie dans l'agriculture et dans les arts. Les bois furent les premiers temples de la Grèce et de la Gaule; car l'âme aime à se recueillir sous leur épais ombrage, à contempler ces superbes monuments que la nature éleva sur la terre et que semble vouloir détruire la civilisation. Ce fut dans les bosquets de l'Académie et du Lycée que Platon et Aristote philosophèrent avec leurs disciples; c'était aussi dans un bois sacré que Numa allait recueillir ses inspirations. Mais les forêts remplissent encore une bienfaisante destination. Elles adoucissent la rigueur de l'hiver par la température organique qui leur est propre; et, en aspirant l'eau vaporisée de l'atmosphère, elles répandent la fraîcheur dans l'air brûlant de l'été. Elles ornent le sommet des montagnes et festonnent la pente rapide des coteaux; elles encadrent les plaines de rideaux épais et verdoyants, qui brisent l'action des vents, la dévient ou la tempèrent.

La Gaule antique était couverte d'immenses forêts. La France elle-même, il y a quelques siècles, en possédait encore une étendue considérable; mais aucune règle ne présidait à leur culture, à leur exploitation; ou plutôt elles étaient abandonnées à tous les désordres de l'ignorance, à tous les abus de l'intérêt privé : comme si les forêts, quoique possédées par de simples particuliers, n'étaient pas pour ainsi dire une propriété, une richesse nationale. Charlemagne et saint Louis firent quelques règlements qui, pour la plupart, ne furent jamais exécutés. Colbert le premier s'occupa sérieusement de sauver nos forêts de cet état désastreux. Il nomma une commission chargée de parcourir la France et de faire une enquête dont le résultat fut l'ordonnance de 1669, une de celles qui honorent le plus le règne de Louis XIV. Les bois furent désormais soumis à des coupes réglées; les bestiaux ne purent y pacager qu'après le temps nécessaire pour mettre les jeunes pousses hors de leur atteinte; les déboisements ne durent avoir lieu qu'en vertu de permissions expresses. Sous l'Empire, la sylviculture fit des progrès : on commença dès lors à élaguer soigneusement les arbres, à favoriser les espèces les plus utiles, à repeupler les clairières par des semis ou des plantations, à obtenir des produits plus beaux, plus nombreux et plus chers; depuis peu d'années enfin, on a essayé d'établir des forêts artificielles, c'est-à-dire qu'au lieu de laisser les forêts répandues au hasard sur le sol, on cherche à les

distribuer dans les terrains qui leur conviennent
le mieux, en ne leur cédant toutefois que les
terres les moins productives ; car les arbres
sont en général peu difficiles sur les qualités
du sol. Nos forêts occupent environ 7 millions
d'hectares. Celles de l'Etat sont confiées à la
surveillance d'une administration spéciale, qui
se compose d'un directeur résidant à Paris, et
ayant sous ses ordres 32 conservateurs entre
lesquels se partagent les différents départements.

Quant à ses rapports avec la marine, le sol
forestier de la France est sectionné en quatre
parties, qui correspondent aux quatre grands
bassins de la Seine, de la Loire, de la Garonne
et du Rhône. On ne s'étonne plus de la cherté
de nos bois pour les constructions navales,
quand on songe que nos départements les plus
riches sous ce rapport sont précisément les
plus méditerranéens ; et dès lors on comprend
sans peine de quelle importance seraient, pour
nos forêts, des canaux ou des chemins de fer
qui transporteraient leurs produits à peu de
frais et à des distances éloignées.

L'aptitude du climat et du sol de la France à
la production des forêts est telle que, malgré
les nombreux défrichements opérés depuis

longtemps, plusieurs de nos départements possèdent encore des richesses considérables en arbres divers. L'Algérie participe à ce privilége de la métropole et par la variété des *essences* et par la qualité exceptionnelle des produits.

Nous devons citer parmi nos départements qui ont le plus d'importance forestière, ceux de la Côte-d'Or, des Vosges, de la Haute-Marne, de la Nièvre, de la Meurthe, de la Meuse; et parmi les plus beaux massifs, les forêts d'Orléans, d'Esterel, de Chaux, de Fontainebleau, de Compiègne, de Rambouillet.

L'espèce dominante parmi nos arbres forestiers, est le chêne, qui s'y montre dans ses plus belles proportions et dans toutes ses variétés. Viennent ensuite, tous plus ou moins remarquables sous le rapport utilitaire, le tilleul, qui offre l'avantage d'un beau poli dans son tissu; le tremble, qui donne beaucoup de châblis; le charme, si propre au chauffage; le bouleau, si nécessaire dans les régions les plus froides; le cornouiller, dont le bois est si dur; le frêne, si estimé des tonneliers; l'orme, si précieux pour le charronnage; le mélèze, si convenable pour les jouets d'enfants; l'érable, pour les instruments de musique; le hêtre, pour la boissellerie.

CHÈNE.

Le Chêne, de la famille des amentacées, est le plus imposant, le plus beau, le plus utile de tous les arbres indigènes de l'Europe. Roi de nos forêts, il pousse aux flancs de la terre ses puissants pivots; puis, portant dans les hautes régions de l'air sa tête majestueuse, il étale au loin ses rameaux couverts de feuilles et de fruits. Sa vie est plus que séculaire, et sa végétation vigoureuse ne demande aucun soin; mais il redoute le vent glacial des pôles, ainsi que le soleil brûlant des tropiques, et il est attaqué par de nombreux insectes, qui aiment à se nourrir de ses feuilles, de ses fleurs, de son fruit appelé gland, de son écorce et de son bois.

Ses différentes variétés se distinguent presque toutes par des propriétés spéciales : ainsi quelques chênes restent toujours verts et donnent des glands savoureux; d'autres fournissent le liége, le kermès, la noix de galle; la plupart sont recherchés pour la supériorité de leur bois ; tous sont caractérisés par l'excellence de leur tannin.

Le *chêne à grappe* est le plus estimé pour la

charpente, la menuiserie et le charronnage. So bois, naturellement fort et compacte, est d'autant plus propre aux constructions navales, qu'il durcit sous l'eau, et s'y conserve durant des siècles, en prenant, pour ainsi dire, la couleur de l'ébène.

Le *chêne à liége* est ainsi appelé du nom de son écorce, qui périodiquement se détache d'elle-même, pour faire place à celle qui croît en dessous. Mais on prévient le travail de la nature, et, tous les huit ou dix ans, par des incisions convenables, on lève cette écorce en grandes plaques, qu'on taille ensuite en bouchons, semelles, ou appareils de flottage.

Le *chêne à kermès* prend le nom de l'insecte qu'on recueille sur ses feuilles. Le *kermès* fournit à la teinture une belle couleur écarlate, analogue, mais inférieure à celle de la *cochenille*, autre insecte exotique avec lequel il offre beaucoup de ressemblance. Cette couleur écarlate est obtenue par l'emploi de l'oxyde d'étain que les chimistes appellent acide stannique.

Le *chêne à galle* enfin se signale plus que tous les autres par de petites loupes improprement appelées *noix de galle*, et produites par la piqûre d'un insecte qui vient scier l'écorce des feuilles ou des rameaux pour y loger ses œufs. Les noix de galle, cueillies avant que la larve puisse s'en échapper, sont d'un grand usage pour la préparation de l'encre et des couleurs noires.

L'écorce du chêne se nomme *tan*, quand on l'a pulvérisée pour en mieux extraire le *tannin*, substance particulière qui tanne les peaux, c'est-à-dire qui les fait passer à l'état de cuir en les solidifiant. Le tan, après avoir cédé tout son principe actif, sert encore à faire des couches pour les serres et des mottes à brûler.

Les feuilles du chêne sont aussi, pour les plantes, un très-bon calorifère; elles se décomposent lentement et peuvent nourrir plusieurs animaux. Le gland surtout, frais ou séché, engraisse les porcs et se conserve durant plusieurs années.

Certes, cet arbre superbe ne pouvait manquer d'exciter l'imagination si vive de l'Antiquité, qui prêtait une âme à toutes les productions de la Nature. Consacré par les poëtes à Jupiter, il fut si vénéré, notamment dans la Grèce et à Rome, qu'une seule de ses branches, tressée en couronne, était la plus digne des récompenses civiques. Bien plus, une puissance mystérieuse lui fut attribuée par des peuples divers; et tandis, en effet, que les chênes de

Dodone rendaient de sinistres oracles, ceux [
la Gaule étaient, pour les Druides, des aute[
privilégiés. On sait même avec quel respect [
quelle solennité ces prêtres recueillaient s[
cet arbre divin le gui, plante parasite qu'i[
coupaient avec une serpe d'or, et qu'ils distr[
buaient au peuple comme un remède universe[

Dans le blason, le chêne fut adopté comme [
symbole de la force et de la durée.

Aujourd'hui, dépouillé de toutes les fictio[
mythologiques, le chêne n'en est pas moin[
par ses qualités plus réelles, le premier de to[
nos arbres pour l'économie domestique et po[
l'industrie.

Parmi les faits historiques où se mêle s[
nom, rappelons le combat des *Trente*, la mo[
de *Bayard*, la fuite de *Charles II;* mais surto[
la loi célèbre des *Douze-Tables,* qui si longtem[
a régi le monde, et les nobles loisirs de sai[
Louis nous donnant à Vincennes le modè[
d'une des plus belles institutions des temps m[
dernes, celle des juges de paix.

Terminons par un hommage au doyen de to[
les chênes peut-être, au chêne de Sainte-Ann[
qui compte maintenant sept cent soixante-on[
ans d'existence, et qui domine le coteau pie[
reux de Cunfin, près de Bar-sur-Seine.

CHATAIGNIER.

Le Châtaignier se place après le chêne parmi nos richesses *némorales ;* mais il lui est préféré comme arbre d'ornement. En effet, sa stature est élevée, sa forme est agréable, et son beau feuillage est respecté des insectes. Il croit rapidement, et se reproduit avec une extrême facilité. Comme le chêne, il aime à vivre en forêts ; ainsi que lui, il peut atteindre une grosseur énorme, une prodigieuse longévité. Nous ne devons pas citer ici pour exemple, car c'est un phénomène exceptionnel, le gigantesque châtaignier des *cent chevaux,* qu'on admire au pied de l'Etna et qui est l'arbre le plus volumineux de l'univers et probablemennt un des plus antiques. Le surnom qu'il porte aujourd'hui, lui est venu, d'après une tradition sicilienne, de ce que Jeanne, reine d'Aragon, étant allée visiter le célèbre volcan, suivie d'environ cent cavaliers, et un orage étant survenu, tout le cortége se mit à l'abri sous son immense feuillage. Ce châtaignier, tous les ans encore, se couvre de feuilles et de fruits, quoique son tronc soit percé d'une ouverture assez large pour que deux voitures y puissent passer de front. Toutefois,

dans les environs de Paris, quelques châtai-
gniers, qui ne sont pourtant pas contemporains du colosse de l'Etna, ont une cime déjà
presque aussi vaste que la sienne ; et, près de
Sancerre, on voit un de ces arbres âgé de plus
de dix siècles, qui produit régulièrement des
fruits en très-grande abondance.

Le châtaignier demande une exposition septentrionale, et réussit fort bien dans les localités les plus pauvres et les plus arides ; mais il
redoute le voisinage des marais. Le sol et le
climat de la France lui convenant beaucoup,
nous devons regretter qu'il n'y soit pas plus
répandu, car son fruit est nutritif et son bois,
très-utile.

La châtaigne est renfermée dans une capsule
plus ou moins ronde, hérissée de pointes à l'extérieur ; cette enveloppe éclate d'elle-même
quand le fruit est mûr ; après avoir été convenablement desséchée, puis dépouillée d'une seconde enveloppe lisse et luisante, la châtaigne
peut être réduite en poudre, mais non panifiée.
Elle s'oppose même à la panification des céréales avec lesquelles on essaye de la mêler. Il faut
donc se résoudre à la consommer seule, et s'é-
tonner qu'elle n'ait presque pas exercé l'art des
cuisiniers modernes ; car, dès la plus haute an-

tiquité, on savait la faire rôtir ou cuire sous la cendre. Avouons cependant que la châtaigne, si précieuse dans le Limousin, y reçoit une préparation spéciale qui, la dépouillant de sa double enveloppe pour la faire cuire, la rend à la fois plus savoureuse et plus alimentaire.

La greffe améliore singulièrement le fruit du châtaignier, mais les proportions de l'arbre sont alors plus petites ; et c'est ainsi qu'a été obtenue et que se conserve cette variété dont le fruit estimé s'appelle *marron*, châtaigne qui devient plus volumineuse que la châtaigne ordinaire, et qui est ordinairement seule dans son enveloppe épineuse. Lyon est pour Paris l'entrepôt des meilleurs marrons, qui viennent principalement des Cévennes et du Dauphiné.

Le bois du châtaignier est dur, d'un grain analogue à celui du chêne. Il peut le remplacer pour la charpente, quoiqu'il soit cependant moins solide. Il est singulièrement propre pour la tonnellerie, car, possédant la propriété de conserver toujours le même volume sans se gonfler ni se contracter, il peut ainsi contenir toute sorte de liqueurs, dont il laisse évaporer la partie spiritueuse bien moins que tout autre bois, parce que ses pores sont plus petits et plus serrés.

NOYER.

Ce bel arbre, que distinguent son port majestueux, sa tête touffue et son superbe feuillage, est originaire de la Perse ; mais, tandis qu'il croît naturellement dans son pays natal, ses premières années exigent beaucoup de soins dans notre Europe où, du reste, il est cultivé depuis un temps immémorial. Il aime tous les terrains où prospère la vigne, et l'époque de leur floraison est la même ainsi que celle de leur fructification. Le noyer ne donne guère de produits qu'à vingt ans, et n'acquiert même qu'à soixante toute sa force ; mais il est doublement cher à l'industrie et par les propriétés de son fruit, et par les qualités de son bois. Sa culture varie selon qu'on recherche principalement l'un ou l'autre : si l'on recherche le bois, on sème le noyer à demeure, pour qu'il puisse, comme le chêne, implanter profondément ses pivots et prendre ainsi des proportions imposantes ; si l'on recherche le fruit, le noyer, au contraire, est transplanté fréquemment pour que le fruit, au lieu du bois, profite de la sève. Dans les deux cas, on émonde les branches mortes, en conservant aux autres leur disposition arrondie ; il faut surtout laisser le tronc très-élevé pour que les rameaux se projettent dans l'air et ne s'entrelacent point. Cet arbre n'en souffre pas d'autres trop près de lui ; la force de ses rameaux et la puissance de sa végétation veulent même que les noyers soient entre eux suffisamment espacés.

La noix se compose d'abord d'une double enveloppe, l'une pulpeuse appelée *brou*, l'autre ligneuse appelée *coque*, puis d'une amande charnue et sinueuse que recouvre une mince pellicule, et que partagent en quatre lobes des demi-cloisons nommées *zeste*. Elle est mûre, quand le brou se fend et se détache de la coque. On doit alors la gauler, mais avec quelque précaution, afin d'atténuer autant que possible ce qu'a de violent cette manière de demander à l'arbre le fruit qu'il vient d'élaborer. La noix paraît aussi dans nos desserts sous le nom de *cerneau*, avant sa complète maturité. La saveur agréable qu'elle a quand elle est mûre, mais encore fraiche, dégénère en une sorte d'âcreté qui se développe de plus en plus à mesure que la noix devient sèche. On ne doit en manger dès lors qu'avec sobriété. Toutefois, avec les noix sèches et du sucre, on fait une espèce de conserve brûlée qui est assez estimée sous le nom de *nougat*. Mais l'usage le plus général des noix sèches est de donner de l'huile. L'huile obtenue par simple expression est comestible; celle qu'on retire ensuite est propre à l'éclairage et fort bonne pour la peinture, car elle est très-siccative.

A Rome, après la cérémonie du mariage, on jetait des noix au peuple, coutume qui parait s'être maintenue dans plusieurs contrées méridionales. Un souvenir plus récent, que la noix rappelle, est celui du singulier stratagème qu'employèrent les Espagnols, sous Henri IV, pour surprendre la ville d'Amiens.

Le bois du noyer est doux, solide, liant et flexible; la couleur en est sérieuse, mais belle. Il peut avoir par le poli un effet fort agréable, et de tous nos bois indigènes, c'est le plus estimé pour l'ébénisterie. Il faut donc le dire à regret, le noyer n'est pas, en France, assez multiplié. La consommation en détruit chaque jour beaucoup plus qu'on n'en plante; car, pressé de jouir, on ne songe guère à cultiver un arbre qui demande près d'un siècle pour son entier développement.

LE PIN ET LE SAPIN.

Ces deux arbres, qui s'élèvent comme d'élégantes pyramides avec leur feuillage toujours vert, présentent beaucoup d'analogies et peu de différences. Ils se plaisent sur les montagnes du Nord, qu'ils couvrent de forêts majestueuses ; mais le pin descend plus volontiers dans les plaines, et réussit fort bien dans les terrains les plus sablonneux ; par exemple, dans notre département des Landes dont il est un des produits les plus importants. Tous les deux sont multipliés par semis ; mais le pin croît plus vite et s'élève moins haut que le sapin. Leur existence est de plusieurs siècles. Leur tronc prend d'ordinaire peu de diamètre relativement à la hardiesse de leur tige. Toutefois Pline cite un sapin de 7 mètres de circonférence qui servit de mât au vaisseau que Rome fit construire pour transporter d'Egypte l'obélisque destiné au Vatican. Leur bois offre presque au même degré une qualité fort avantageuse : il se conserve très-longtemps sous le sol et dans l'eau, ce qui le rend éminemment propre aux constructions navales, où le pin sert plus particulièrement pour la mâture, et le sapin, pour le corps du vaisseau. On les emploie avec un égal succès dans les travaux hydrauliques ; ainsi les pilotis des fameuses digues de la Hollande sont en bois de sapin. Mais, tandis que celui-ci est principalement recherché pour la menuiserie, c'est le pin surtout qui fournit aux arts la *résine*, la *térébenthine*, la *colophane* et le *goudron*.

Ce sont des incisions convenablement ménagées, qui font suinter du pied de l'arbre le suc combustible qui forme la résine. Aussi le bois de pin fut-il longtemps le seul moyen d'éclairage, comme il l'est encore aujourd'hui dans quelques contrées de l'Europe et même dans quelques cantons de la France. La résine entre principalement dans la composition du vernis. Un vernis est une dissolution de résine dans l'alcool. L'alcool se vaporise, et la résine reste. C'est le vernis qui fait ressortir tous les accidents du bois, même dans l'acajou. Soumise à la distillation, elle donne pour produit l'essence de térébenthine, si utile dans la peinture, et pour résidu la colophane, qui sert à dégraisser les archets. On comprend que l'archet, s'il n'était pas dégraissé, ne pourrait pincer la corde et la faire vibrer. Le goudron s'obtient par la combustion lente et graduée de vieux pins qui ont fourni de la résine pendant longtemps ; il est très-employé pour enduire les vaisseaux et les cordages, qu'il rend ainsi complètement imperméables.

Quant à l'essence de térébenthine, l'hygiène conseille de ne point rester dans une atmosphère qui en est imprégnée ; par exemple, dans un appartement où l'on vient de peindre les boiseries. Et ce que nous disons de cette essence peu agréable, s'applique également aux essences qui, plus ou moins aromatiques, émanent des feuilles, des fleurs ou des fruits. Toutes ces huiles volatiles ou essentielles doivent, en effet, être respirées à l'air libre, et non dans une enceinte limitée. Si nous parlons ici des parfums, c'est que, selon la signification même du mot (*per fumum*), ils ne consistèrent d'abord que dans la fumée balsamique de diverses résines. L'usage en fut aussi ancien qu'universel; et, dans tous les cultes, on les considéra comme le complément nécessaire du sacrifice, comme le tribut expressif de l'adoration. Ainsi les prêtres Égyptiens en répandaient avec profusion sur les brasiers sacrés d'Héliopolis; au temple de Jérusalem, des centaines de Lévites en brûlaient avec pompe devant le saint tabernacle, dans leurs encensoirs d'or et d'argent; dans la Grèce et à Rome, les parfums étaient regardés comme d'autant plus agréables aux dieux, que les dieux eux-mêmes avaient pour attribut d'exhaler l'ambroisie. Toutefois la mode adopta bientôt les divers aromates comme élément essentiel de la toilette. Déjà chez les israélites la passion en était si générale que Moïse décréta des peines sévères contre ceux qui dévieraient ainsi pour leur soin personnel l'encens nécessaire au service du temple. Athènes et Rome poussèrent encore plus loin le luxe des parfums. Les boutiques des parfumeurs étaient le rendez-vous ordinaire des hommes de loisir, et l'on ne peut s'imaginer, par exemple, tout ce qu'exigeait de cosmétiques, de patience et de temps la parure d'une dame romaine. Les patriciens allaient eux-mêmes jusqu'à parfumer leurs chiens et leurs chevaux. L'invasion des Barbares supprima ces habitudes somptuaires. L'Eglise seule conserva, pour le culte divin, l'usage de l'encens. Ce fut en France que la parfumerie reparut d'abord, et l'histoire a remarqué qu'au baptême de Clovis Iᵉʳ, on alluma des cierges odoriférants. Toutefois le commerce des parfumeurs ne se rétablit qu'à l'époque des Croisades, et l'emploi s'en vulgarisa d'autant plus qu'il était ordinaire d'offrir aux convives, avant et après le repas, de l'eau parfumée pour l'ablution des mains. Chez les grands seigneurs, on cornait l'eau, c'est-à-dire, on annonçait au son du cor, cette ablution qui était tout à fait nécessaire, à cette époque, où les doigts étaient encore réduits à faire office de fourchette. La parfumerie parisienne n'a de rivale sérieuse qu'en Angle-

terre ; elle se trouve naturellement plus favori-
sée, parce qu'elle dispose à la fois des roses de
Provins, des tubéreuses de Grasse, du jasmin
de Cannes et des violettes de Nice.

ACAJOU ET PALISSANDRE.

Le *Mahogoni*, arbre colossal des tropiques,
forme en Amérique de vastes forêts. On admire
d'autant plus ses dimensions considérables,
qu'il semble affecter de croître dans les terrains
d'une apparente stérilité, sur des montagnes
rocheuses que ses longues racines fendent et
déchirent. Du reste, ces riches forêts sont exploitées avec la plus complète imprévoyance,
et ce sont principalement les frais de transport
qui rendent cher le bois du mahogoni, improprement appelé *Acajou* dans le commerce.

Ce bois est compacte, ferme et susceptible
d'un beau poli ; sa couleur rougeâtre, d'abord
assez faible, ne tarde pas à prendre de l'intensité. C'est lui qui, sous les formes les plus élégantes, constitue les meubles les plus somptueux de nos salons. Mais il est rarement employé en solide, et le luxe même l'admet en
simple placage. L'ébéniste, en effet, le réduit en
feuilles si minces, que vingt-quatre réunies ont

à peine l'épaisseur de 5 centimètres. Elles peuvent ainsi se calquer parfaitement sur le meuble auquel elles doivent prêter leur éclat, et sur lequel on les fixe aisément par la colle forte.

L'acajou qui se consomme en Europe provient d'Haïti, de Honduras et de Cuba. Celui d'Haïti est presque le seul dont il soit fait usage en France; sa couleur est vive, ses fibres fines et serrées. L'Angleterre emploie, pour ainsi dire, tout celui de Honduras, dont le tissu est un peu poreux, et dont la couleur quelquefois rosée est plus souvent pâle et presque jaune. L'acajou de Cuba est plus lourd, mais moins coloré que celui d'Haïti. Les Espagnols, qui ont un chantier de marine à la Havane, le préfèrent à tout autre bois pour la construction de leurs vaisseaux, parce qu'il est d'une longue durée, qu'il reçoit le boulet sans se fendre, et que les insectes ne l'attaquent point.

L'ébénisterie française commence à beaucoup employer aussi le *Palissandre*. Ce bois est fourni par un arbre peu connu et qui croît dans l'Inde. Il est pesant, compacte, sonore, résineux, d'une nuance violette; il se polit aisément, brunit à l'air et exhale une odeur douce, agréable, qui rappelle celle de la fleur modeste dont il a presque la couleur.

ÉPICES.

Dans son acception la plus étendue, ce mot comprend toutes les substances employées comme assaisonnement ; mais il s'applique plus particulièrement à celles qui sont aromatiques et qui nous viennent des contrées équatoriales. Ce sont principalement : le poivre, le girofle, la muscade et la cannelle.

Le *poivre* est la graine desséchée d'une plante sarmenteuse, le *poivrier*, qui se couche sur le sol quand elle n'est pas soutenue ; cette graine est petite et revêtue d'une écorce noire ou brune. Quand on ôte au poivre noir son écorce, on a le poivre blanc, qui lui est préférable. Le poivre ne sert que dans la cuisine ; mais longtemps son importance fut telle, qu'on ne désignait les épiciers que sous le nom de poivriers. Au moyen-âge surtout, on attachait tant de prix à cette denrée, qu'elle constituait souvent un des tributs que les princes et les seigneurs exigeaient de leurs vassaux et de leurs serfs.

La consommation annuelle du poivre s'élève, en France, à deux millions de kilogrammes. Condiment ordinaire de l'huître, le poivre ne doit être employé qu'avec modération, car il contient un principe très-actif, très-irritant.

13

Le *girofle* est la fleur du *giroflier*, arbre élégant mais délicat. Cette fleur, cueillie en bouton et desséchée, porte le nom de *clou*, parce qu'elle semble avoir cette forme. Elle est employée dans la cuisine, la pharmacie et la parfumerie.

La *muscade* est l'amande du *muscadier*, arbre touffu dont le fruit a l'apparence d'une petite noix renfermée dans une coque. Au XVIe siècle, il eût paru étrange de composer un ragoût sans y faire entrer la muscade.

La *cannelle* est l'écorce des petits rameaux du cannelier, arbre intéressant, dont toutes les parties sont utiles, et qui croît principalement dans l'île de Ceylan et dans la Cochinchine. La meilleure est composée d'écorces minces, faciles à rompre, roulées les unes sur les autres, d'une couleur blonde, d'une saveur agréable et un peu sucrée.

Les épices furent de tout temps un des principaux objets de commerce. Elles étaient encore si rares et si estimées sous les Valois, que, dans le festin nuptial, l'épouse en distribuait à tous les convives. Elles constituaient alors le plus agréable des présents. Mais, devenues plus communes, elles furent remplacées par des friandises, des confitures sèches ou des dragées, qu'on appelait elles-mêmes des épices ; car le corps

des épiciers, qui avait rang après celui des dra-
piers, comprenait les apothicaires, les droguis-
tes, les confituriers (aujourd'hui confiseurs) et
les ciriers.

Quant aux *épices du palais*, si fameuses dans
les annales de la *bazoche*, elles ne furent d'abord
que de menus présents faits au juge et au pro-
cureur, comme témoignage de reconnaissance,
par le plaideur qui avait eu gain de cause. Bientôt on ne les offrit plus seulement pour remercier le juge de son bien-jugé, mais aussi et surtout pour activer son zèle, peut-être même pour
influencer sa conscience. Enfin, comme les
charges de judicature n'étaient pas suffisamment rétribuées, les épices devinrent une espèce d'impôt, traitement établi sur les procès
au profit des juges, sorte de salaire que les magistrats se disputaient souvent avec une honteuse avidité. Louis XII abolit cet usage, qui
n'était propre qu'à compromettre l'exacte dis-
tribution de la justice. Avec le XVIIe siècle dis-
parurent aussi ces *docteurs en soupers*, selon l'expression de Regnard, qui poussaient le zèle de
leur talent jusqu'à improviser eux-mêmes des
ragoûts pendant le repas, et qui, pour n'être
jamais pris au dépourvu, portaient toujours sur
eux des bonbonnières épicées.

L'archipel des Moluques est, pour ainsi dire, le pays natal des épices. Avant le XVe siècle, c'est-à-dire avant qu'on eût appris à doubler le cap de Bonne-Espérance pour pénétrer dans la mer des Indes, les Vénitiens avaient seuls le commerce de ces riches productions qu'ils achetaient aux Egyptiens et aux Arabes. Mais, à cette époque, les Portugais, en s'établissant dans quelques-unes des îles d'où viennent les épices, en enlevèrent ainsi le monopole aux Vénitiens, et furent bientôt forcés eux-mêmes de le céder aux Hollandais. Ceux-ci, pour le conserver désormais d'une manière plus exclusive, firent arracher tous les plants de l'archipel, dont la surveillance et la garde étaient impossibles, et concentrèrent ce genre de culture dans l'île d'Amboine, qui fournit encore aujourd'hui la plupart des meilleures épices. Le commerce leur en semblait définitivement assuré, lorsqu'en 1770 un Français, M. Poivre, exécuta le hardi projet de doter sa patrie de ces plants précieux, qu'il cultiva d'abord à l'île de France dont il était intendant, et qui furent transportés ensuite à Cayenne et à la Martinique. Aujourd'hui les épices sont cultivées dans toutes nos colonies, leurs produits dépassent déjà nos besoins, et la consommation cependant s'en est de beaucoup augmentée en s'étendant jusque dans les campagnes, qui n'avaient autrefois d'autre épice que le sel.

CAFÉIER.

Cet élégant et frêle arbrisseau, qui croît assez vite et qui reste toujours vert, élève à cinq ou six mètres sa tête ornée de fleurs semblables à celles du jasmin. Ces fleurs sont bientôt remplacées par une espèce de baie, d'abord rutilante comme une cerise, puis noirâtre dans sa maturité. Chaque baie renferme deux graines, convexes d'un côté, planes et sillonnées de l'autre : c'est le café.

Originaire des bords de la mer Rouge, le caféier aime les pays chauds et montueux, et ne descend pas volontiers dans les plaines. Il demande, durant sa première croissance, qu'on l'abrite d'un soleil trop ardent et qu'on arrose convenablement ses racines ; mais il n'exige ensuite que peu de soins, car il se fait ombrage avec ses feuilles, et pousse ses pivots assez profondément dans le sol. Il entre en grand rapport après trois ans, et se fortifie durant trente ou quarante. La principale récolte du café se fait au mois de mai et à la main, de peur d'effeuiller les branches et d'endommager les bourgeons qui doivent fleurir successivement. Lorsque la baie est cueillie, on la dessèche, on enlève la pulpe, et le café mis à nu est desséché de nouveau.

Pour en obtenir une infusion parfaite, on choisit d'abord un grain petit, dur, légèrement fauve, parfumé ; puis on le torréfie, c'est-à-dire on l'expose à sec à l'action du feu dans un récipient de tôle où on l'agite sans cesse pour l'empêcher de brûler. Cette opération, en brunissant la graine, y développe une huile suave, un arome délicieux. Une condition essentielle, c'est de mettre le moins d'intervalle possible entre la torréfaction du café et son infusion. Il est même à regretter que les émanations balsamiques qui se dégagent, tandis qu'on le torréfie, ne puissent être retenues, car elles se dissipent inutiles dans l'air et constituent peut-être l'huile la plus pure de la graine. Il faut donc moudre le café le plus tôt possible, mais toutefois après son entier refroidissement. On infuse ensuite la poudre dans de l'eau bouillante, qu'on retire du feu et qu'on tient hermétiquement couverte. On agite de temps en temps la liqueur, et, quand elle est complètement refroidie, on la tire au clair.

Il serait difficile d'énumérer toutes les intermittences de faveur et de proscription que rencontra l'usage du café dans les pays mêmes dont cette graine fait aujourd'hui la richesse, et où elle est devenue comme une des premières nécessités de la vie. A peine, en effet, le café fut-il connu dans la ville de Constantinople, que des établissements publics s'y ouvrirent pour le débit de cette boisson merveilleuse. Mais bientôt le despotisme ne put s'accommoder de la liberté d'esprit et de parole qu'y trouvait une population jusque-là si soumise : les cafés furent démolis et les cafetiers jetés dans le Bosphore. On n'en continua pas moins de prendre cette liqueur en cachette, sans songer avec les oulémas que ce fût un crime d'en faire usage, par cela seul que Mahomet, le sublime prophète, ne l'avait pas même connue. C'est alors que les muphtis et les muezzins assemblés fulminèrent un sanglant fetwa contre le café, déclarant en propres termes que ceux qui en useraient porteraient, au jour de la résurrection, un visage plus noir encore que le fond des chaudrons où l'on fait bouillir cette infernale substance. Mais l'habitude triompha, et vainement aussi la médecine, se faisant l'auxiliaire du divan, accusa le café d'avoir des qualités pernicieuses. D'ailleurs les imans eux-mêmes lui vinrent en aide ; car, tandis qu'ils l'interdisaient au peuple, ils en faisaient cependant, jusque dans la grande mosquée de La Mecque, la plus ample consommation, sous prétexte de pouvoir ainsi mieux prolonger leurs veilles, et célébrer sans relâche les louanges du grand Allah et de son prophète. Enfin, sous le règne de Soliman le Grand, en 1554, le café se vendit librement dans la capitale du monde mahométan ; et ce fut Soliman-Aga, ambassadeur de la Porte, qui, cent quinze ans après, le mit à la mode dans la capitale de la France.

La question des qualités nuisibles ou bienfaisantes du café fut discutée en Europe avec toute la chaleur de la polémique contemporaine, et la poésie elle-même intervint dans le débat. Mais tandis que Jacques Ier, roi d'Angleterre, faisait un traité contre le café, Louis XV ne laissait à personne le soin de préparer celui qu'il prenait chaque jour, et tandis que l'abbé Nisseno le frappait d'anathème, comme œuvre diabolique, l'abbé Delille le célébrait comme un nectar divin, et Racine, en savourant chez Procope cette liqueur si chère à Voltaire et à Fontenelle, semblait se rassurer ainsi d'avance contre la prédiction hostile de madame de Sévigné.

Il faut l'avouer, toutefois, le café est une liqueur suave sans doute ; mais on ne doit en user qu'avec modération, car il est stimulant, les personnes nerveuses doivent même s'en abstenir.

L'Arabie produit encore sans contredit la plus belle espèce de caféier. Cet arbrisseau y fut complètement négligé jusqu'au XIIIᵉ siècle, époque à laquelle le hasard fit connaitre les propriétés excitantes de sa graine. Vers la fin du XVIIᵉ siècle, les Hollandais transportèrent le caféier de Moka à Batavia et de Batavia au jardin d'Amsterdam, d'où le Jardin des Plantes de Paris en reçut deux pieds qu'on parvint à élever en serre-chaude. L'un de ces pieds périt, l'autre fut soigneusement transféré par Déclieux à la Martinique, en 1720 ; et telle est l'origine de tous les plants de caféier dans les Antilles, où cette culture est devenue si importante.

Après le café de Moka, ceux de l'ile Bourbon et de la Martinique sont les plus estimés.

THÉ.

Cet arbrisseau, toujours vert, est une production exclusivement propre à la Chine et au Japon, et la culture ailleurs n'en peut être guère essayée, soit que la graine veuille être mise en terre dès qu'elle est cueillie, soit qu'on ait soin de lui en substituer une autre dans le commerce. On dit cependant que les Hollandais sont parvenus à faire réussir le thé dans leur île si précieuse de Java.

Il demande une douce température, se plaît dans les plaines basses ou sur le penchant des collines ; et, bien qu'il croisse lentement, il s'élèverait toutefois de 4 à 6 mètres, si on ne l'arrêtait dans son développement, afin de rendre la récolte des feuilles plus facile et plus abondante. Ces feuilles sont détachées une à une et avec précaution. On recherche surtout les plus petites et les plus nouvellement écloses, car c'est l'âge des feuilles qui en nuance les qualités. On les plonge ensuite, durant quelques secondes, dans la vapeur aqueuse ou dans l'eau bouillante ; après les avoir égouttées, on les jette sur des plaques métalliques un peu chaudes, puis on les roule sur des nattes avec la paume de la main, tandis qu'on les refroidit promptement par la ventilation ; enfin on les aromatise avec différentes fleurs, et on les conserve dans des boîtes.

Il y a deux variétés principales de thé, le vert et le noir, qu'on a coutume de mêler en proportion variable, parce que le premier est plus

aromatique sans doute, mais aussi plus exci-
tant. Parmi les thés verts, le Schou-lang est le
plus suave, et parmi les thés noirs, le Pé-kao
est le plus fin.

L'infusion du thé doit être légère, peu colorée. Il suffit, en effet, que la feuille cède à l'eau
bouillante tout son parfum ; c'est alors une
boisson très-agréable. En la maintenant trop
longtemps dans la liqueur, on risque d'y infu-
ser aussi un principe très-âcre qu'elle contient
et qui lui donne une teinte rougeâtre. Le thé,
préparé convenablement, est une boisson agréable et tonique. L'impôt sur le thé est encore un
des plus productifs en Angleterre. L'usage
ne s'en est popularisé en France que depuis
1815, mais il était déjà très-répandu dans
l'Amérique du Nord, et ce fut même l'impôt
sur le thé qui devint la cause ou le prétexte de
l'indépendance des États-Unis anglo-américains.
La consommation en est énorme en Europe,
principalement dans le Nord, où il est regardé
comme un tonique excellent ; c'est la boisson
favorite des Chinois, et presque la seule des
Japonais. Le thé qui doit servir à la cour impériale de Méaco est cueilli sur une montagne
voisine de cette ville : un fossé large et profond
environne le plant ; les arbrisseaux y sont

disposés en allées, qu'on ne manque pas un seul jour de balayer ; on veille à ce que rien ne vienne souiller les feuilles, et lorsque la saison de les cueillir approche, ceux qui doivent y être employés ne mangent ni poisson, ni aucune espèce de viande qui puisse altérer leur haleine ; puis, tant que la récolte dure, ils se baignent deux ou trois fois par jour, à l'eau chaude et à l'eau froide, et ne touchent aux feuilles qu'avec des gants.

Dans la Chine, la préparation du thé est un art, que des professeurs enseignent avec une minutie qui paraîtrait ridicule, si l'on ne songeait combien la délicatesse du goût y est supérieure, et en quelque sorte exceptionnelle.

C'est par Saint-Pétersbourg, et au moyen de caravanes, que nous arrive le meilleur thé, car la traversée par mer fait perdre à cette feuille une partie de ses qualités. La Chine en expédie chaque année pour plus de 135 millions de francs.

CACAOYER.

Cet arbre américain, qui ne croît que dans les vallées chaudes et humides des Tropiques, donne cette amande ou fève précieuse connue, dans le commerce, sous le nom de *cacao*. Ce nom est celui qu'elle a reçu des habitants de la Guyane.

Quant à son nom scientifique *Theobroma,* Linné l'a formé de deux mots grecs qui signifient *nourriture des dieux.*

L'écorce du Cacaoyer est de couleur cannelle; son bois est blanc, poreux, cassant et léger. Ses feuilles se renouvellent sans cesse ainsi que ses fleurs. L'amande est renfermée, en nombre variable, dans une capsule assez dure, et elle est entourée d'une pulpe dont on la dépouille pour la faire sécher. C'est le fruit le plus oléagineux que produise la nature; il ne rancit jamais; mais il est d'autant plus riche en huile qu'il est plus frais. Cette huile, concrète, douce, odorante, est appelée *beurre de cacao,* et doit être considérée, dit-on, comme le meilleur cosmétique. Cette huile ou beurre a la consistance du suif, et ne se fond même qu'à 50°. On l'obtient par simple macération dans l'eau chaude, l'huile se séparant alors et s'élevant à la surface du liquide.

Pour préparer le chocolat, on torréfie d'abord, plus ou moins, les amandes; puis on les porphyrise dans un moule; on y ajoute une égale proportion de sucre, et l'on achève le mélange sur une dalle chaude et lisse, au moyen d'un rouleau poli. Elles forment alors une pâte grasse, à l'aide de l'huile qui leur est propre, et cette pâte, préparée sans addition d'aucun aromate, porte le nom de *chocolat de santé*. Le chocolat proprement dit est essentiellement nutritif et réparateur, quoique madame de Sévigné prétende, dans une de ses lettres, qu'il agit selon l'intention de celui qui le prend, et quoique plusieurs casuistes du XVIIe siècle aient décidé que le chocolat ne rompait pas le jeûne. Car chacun sait qu'avant la conquête de Fernand Cortès, il était l'aliment principal des Mexicains et qu'on l'a même surnommé *lait des vieillards*.

Le cacao de Caracas, le plus riche de tous, est aussi le plus estimé.

Le chocolat ne peut être nuisible que par les ingrédients surajoutés. Quand il est aromatisé de vanille ou de cannelle, il flatte beaucoup plus l'odorat et le goût; mais il n'est alors qu'un aliment de fantaisie, une friandise que l'hygiène ne peut recommander comme aliment quotidien; il entre, en effet, dans le genre bonbon, avec le privilége, il est vrai, d'y tenir le premier rang. Souvent, pour donner au chocolat plus de consistance, on y introduit une certaine quantité de fécule. Cette sophistication en abaisse sans doute la qualité, mais n'a pas les inconvénients que présente l'addition de substances grasses destinées à lui donner un aspect plus onctueux. Une fraude, plus fréquente qu'on ne pense, consiste à dépouiller la graine d'une partie notable de son beurre, qui, sous forme de pommade, se vend assez cher, même en Amérique.

Les Espagnols firent connaître ce fruit à l'Europe en 1520, et c'est à la cour de Louis XIV que, pour la première fois en France, on l'employa sous forme de chocolat. L'usage s'en est depuis répandu dans tous les pays civilisés; mais, dans la péninsule hispanique surtout, il est si général qu'un Espagnol manque plutôt de pain que de chocolat.

TABAC.

Cette plante américaine est aujourd'hui parfaitement naturalisée en Europe, mais elle est annuelle dans nos climats, tandis qu'elle vit dix ou douze années dans les pays chauds. Elle a reçu son nom de l'île de *Tabago*, où les Espagnols la connurent pour la première fois. Longtemps aussi on l'appela *Nicotiane*, parce que M. de Nicot, ambassadeur français à Lisbonne, en envoya le premier une petite provision à Catherine de Médicis, et ce sont ces deux mots réunis qui ont formé sa dénomination phytologique.

Le tabac pourrait, par sa tige élevée, sa large feuille et sa fleur purpurine, être admis dans les jardins comme plante d'ornement ; mais, d'ordinaire, on sacrifie la plupart de ces avantages à l'abondance de la feuille, sur laquelle se portent tous les soins.

Lorsque cette feuille a été triée par qualités différentes, on la roule en cigares, on la coupe en minces lanières, ou bien on la réduit en poudre, selon les divers usages auxquels on la destine ; souvent on la parfume avec la fève aromatique du Tonga, arbre qui ne se montre guère que dans les grandes forêts de la Guyane.

Mis en faveur à la cour de Henri IV, le tabac fut très-goûté de la haute noblesse, qui du reste ne l'employait qu'en poudre, et son usage descendit peu à peu dans toutes les classes. Bientôt la tabatière eut, en France, toute l'importance qu'avait le cigare en Espagne et la pipe en Angleterre. Cependant Jacques Ier avait attaqué avec amertume un engouement contre lequel le célèbre Fagon, organe de la faculté de médecine, crut devoir poser une thèse formidable. Le pape Urbain VIII condamna l'abus du tabac dans les églises. Elisabeth autorisa les bedeaux à confisquer les tabatières à leur profit. Le sénat de Berne en défendit l'usage à l'égal du vol et du meurtre ; le roi de Perse et le grand-duc de Moscovie le punirent de l'amputation du nez, et Amurat IV, de la peine de mort. Mais ces moyens extrêmes l'ont propagé beaucoup plus que n'auraient pu le faire quelques poëmes depuis longtemps tombés en oubli. Le tabac, en effet, règne aujourd'hui paisiblement aux lieux mêmes où il fut proscrit avec le plus de rigueur, et constitue la matière d'un des impôts les plus productifs, dans tous les pays. On pourrait même dire que l'usage en est parfois poussé beaucoup trop loin, car le tabac a pour principe actif la nicotine, substance très-vénéneuse. Il renferme aussi une substance albumineuse qui abonde surtout dans les tabacs des pays tempérés, ce qui leur fait produire une fumée désagréable.

Le meilleur tabac du globe est celui de Virginie et de Maryland. En France, la culture de cette plante n'est permise que dans quelques départements, et la récolte en est faite par le gouvernement lui-même, qui, depuis 1674, s'en est réservé le monopole. Le département de Lot-et-Garonne fournit le meilleur tabac à priser, c'est-à-dire le plus riche en nicotine.

Dans ces derniers temps, la feuille américaine a vu s'élever en France un rival, *l'anti-tabac*, composé de baies de genièvre, de feuilles de sauge, de fleurs de muguet, et qui n'a succombé peut-être que parce que la négligence ou la fraude s'est mêlée à sa fabrication.

ZOOLOGIE.

Un *Animal* est un être organisé qui se distingue surtout par deux grandes facultés : la sensibilité et la locomotilité. Par la sensibilité, l'animal reçoit les impressions qui lui viennent du monde extérieur ; et, par la locomotilité, l'animal se déplace au gré de ses sensations. Le système nerveux a l'initiative dans la sensation comme dans le mouvement. Mais les nerfs de la sensibilité sont distincts des nerfs de la locomotilité. Bien plus, chacun des organes des sens a un nerf qui lui est spécialement assorti. La sensibilité s'exerce par les cinq sens : le toucher, le goût, l'odorat, la vue et l'ouïe. La locomotilité a pour organes, des nerfs, les muscles et les os. Ces deux facultés sont intimement liées comme cause et effet ; elles se développent d'une manière proportionnelle, de telle sorte qu'on peut de l'une conclure l'autre avec sûreté. C'est ainsi, par exemple, qu'un animal appelé *Vertébré*, c'est-à-dire ayant des os, **est** par cela même signalé comme supérieur; car les os exigent des muscles pour les mouvoir, les muscles à leur tour demandent des nerfs pour les exciter. Or si l'animal est doué de ces trois sortes d'organes, il a donc une puissante locomotilité, qui réclame elle-même, pour être dirigée, une sensibilité correspondante.

La zoologie divise les animaux en quatre *Types*: les *Vertébrés*, les *Articulés*, les *Mollusques* et les *Rayonnés*. (1) A mesure qu'on descend du type des Vertébrés à celui des Rayonnés, les deux facultés animales se dégradent successivement; de telle sorte que si le premier des Vertébrés est le plus voisin de l'Homme (2), le

(1) La série animale est la preuve physique la plus manifeste de l'existence de *Dieu*, celle que l'homme peut le plus facilement lire, comprendre et admirer ; car il porte en lui-même le terme de la comparaison, la mesure de l'animalité. Aussi fait-elle l'objet d'un des principaux chapitres de nos *Harmonies de la Nature.*

(2) Ainsi que nous l'avons établi dans notre *Histoire Naturelle des Animaux Supérieurs*, l'Homme est en dehors et au-dessus de la série animale, par sa Raison, par son Libre Arbitre, par sa Conscience, par sa Future Destinée. Cependant, sous le rapport physique, on peut le considérer comme le *zoomètre* par excellence.

dernier des Rayonnés touche au Végétal et semble s'y confondre.

Les Types se subdivisent en *Classes*, les Classes en *Ordres*, les Ordres en *Familles*, les Familles en *Genres*, les Genres en *Espèces*. (1)

Les animaux auxquels l'homme donne particulièrement ses soins, et dont il retire aussi plus de services, sont appelés *domestiques*, parce qu'ils partagent pour ainsi dire et sa demeure et ses travaux. Les Romains, qui furent nos maîtres en économie rurale, les honoraient du titre d'*aides*, de *serviteurs;* et le mot latin *pecus*, qui signifie *troupeau*, et d'où dérive notre expression *pécuniaire*, était comme le synonyme de fortune, de richesse. C'est qu'en effet, première ressource des peuples naissants, les troupeaux sont encore la richesse principale des peuples

---

(1) Nous avons terminé notre ouvrage par un tableau complet du Règne Animal. Mais nous devons redire, ici surtout, que nous ne pouvions rester dans les étreintes de la classification scientifique; car, sous le rapport de l'utilité, il eût été peu rationnel et presque ridicule de placer par exemple, le lapin (rongeur) avant le cheval (pachyderme) et le bœuf (ruminant). Cependant nous avons conservé les grandes lignes de la classification, c'est-à-dire l'ordre des Types, d'abord, et puis celui des classes.

civilisés; et l'on peut même reconnaître que, dans tous les pays, la prospérité de l'agriculture, les progrès de l'industrie et le bien-être de la population se trouvent en rapport parfait avec le nombre et la qualité des animaux domestiques. Pourquoi donc ces serviteurs si nécessaires sont-ils plus cruellement frappés en Europe que partout ailleurs? et, pour ne citer qu'un exemple qui le plus souvent afflige les regards, comment ne pas rougir surtout de la barbarie de nos charretiers de France, quand on songe avec quelle affection le Samoïède traite son renne, et l'Arabe, son cheval?

XII. MAMMIFÈRES.

Le caractère propre de ces animaux est d'allaiter leurs petits. Leur organisation, du reste, est supérieure; et leur instinct, quoique très-divers, est toujours plus ou moins développé.

Nous devons à cette classe : le chien, le chat, le cheval, l'âne, le bœuf, le mouton, la chèvre, le porc et le lapin.

LE CHIEN.

Le Chien est la plus ancienne, la plus complète et la plus précieuse conquête de l'homme. Il est, de tous les animaux, le plus intelligent, le plus dévoué, le plus docile ; et si l'élégance du corps, la délicatesse de l'ouïe, la vivacité des mouvements, sont des qualités qu'il partage avec plusieurs d'entre eux, comment ne pas signaler l'extrême finesse de son odorat, et surtout l'expression variée de son regard, qui tour à tour prie, flatte, sourit, interroge. Il est le seul qui revienne obséquieux et caressant sous la main qui le repousse et le maltraite ; il est le seul qui ressente profondément toutes les douleurs de l'absence et qui manifeste avec transport toutes les joies du retour ; le seul qui palpite au nom de son maître ; le seul qui s'empresse de venir mettre à ses pieds, avec une entière abnégation, son courage, sa force, son instinct ; le seul qui donne sa vie pour le défendre ; le seul enfin qui ait, pour ainsi dire, la mémoire du cœur. Sans lui, l'homme ne serait jamais parvenu à étendre sa domination sur toute la nature vivante, car c'est le chien qui a servi seul à soumettre tous les animaux ou à les vaincre. Désintéressé dans ses affections, il s'attache plus volontiers au pauvre qu'au riche, et, dans tous les cas, sa fidélité semble s'accroître avec l'infortune. Animé d'un zèle presque inquiet pour son maître, plein de prévenances pour les amis de la maison, et tout à fait indif-

férent pour les étrangers, il harcèle comme suspects ceux qui portent la livrée de l'indigen-
ce. (1) Il comprend le moindre geste, et sait
lire un ordre, un reproche ou une faveur dans
les yeux de son maître. Est-il admis à sortir
avec lui ? selon qu'il est dispos ou fatigué, il le
précède, le nez au vent et la queue pavoisée ;
ou bien il le suit, la queue pendante et l'oreille
basse. L'éducation peut obtenir de lui des résultats surprenants, et son caractère se plie
facilement à tous les caprices. En un mot, il
est si particulièrement fait pour l'homme qu'il
en prend, pour ainsi dire, et le ton et les
mœurs ; car, dédaigneux chez les grands et
rustre à la campagne, il est coquet au salon et
querelleur au carrefour.

Il s'habitue sans peine à tous les climats, et,
pour être partout diversement utile, il varie
ses aptitudes à l'infini. Le *chien de berger*, dans
sa beauté simple et austère, nous offre presque
encore le type primitif de l'espèce. En lui,
quelle supériorité de tact pour maintenir la

(1) Cette circonstance explique la défense faite aux évê-
ques d'avoir des chiens dans leur résidence, qui devait être
en effet toujours ouverte à l'hospitalité. (*Concile de Mâcon,
sous Clotaire II, an 585.*)

discipline dans le troupeau! quelle pénétration à deviner les ordres, et quelle ardeur à les exécuter! Mais quelle admirable sagacité aussi dans le *chien des Alpes*, qui ramène le voyageur égaré parmi les neiges; et dans le *chien de Terre-Neuve*, quelle merveilleuse adresse pour sauver les noyés! Quelle grâce ensuite dans le *lévrier*, quelle noblesse dans le *grand danois*, quelle tactique dans le *chien d'arrêt*, et dans le *dogue* quelle intrépidité! Enfin, quelle expression sympathique et touchante dans le *caniche*, lorsque, tenant la sébile auprès du vieillard dont il est seul resté l'ami, il semble, l'œil humide, dire aux passants : « Prenez pitié de mon vieux maître, d'où la vie se retire faute de soins! Hommes, c'est un de vos frères; mais si vous n'avez pas le courage de l'aimer, parce qu'il est pauvre, aidez-moi du moins à le secourir, car il a faim. »

Le chien ne sue jamais. Il boit en lapant, c'est-à-dire avec la langue. L'eau lui est plus nécessaire que les aliments, et la soif peut développer en lui une maladie terrible, la rage. Dans l'échelle zoologique, il appartient à l'ordre des carnassiers : il se nourrit en effet de chair, et même de chair putréfiée; mais il s'accommode sans murmure de toute sorte de régimes.

Son estomac a le double privilége de digérer
fort bien les os les plus durs et de se débarrasser aisément des substances vénéneuses. Une
nourriture trop abondante le frappe d'obésité ;
ses qualités naturelles alors s'effacent et se
perdent. Quand il se sent malade, il fait diète,
et se purge avec des feuilles de chiendent. Son
sommeil est léger, mais quelquefois accompagné de rêves, au milieu desquels, comme s'il
était éveillé, il agite sa queue en signe de plaisir,
ou bien, en signe de colère, il gronde et il aboie.
Ses dents jaunissent en vieillissant, et sa voix
devient rauque. Ses six à sept petits reçoivent
de leur mère les soins les plus assidus ; ils ac-
quièrent toute leur croissance dans l'espace
d'une année, et leur vie n'en comprend guère
plus de quinze. Mais il est rare que dans ses
vieux jours cet utile serviteur ne connaisse pas
l'ingratitude de son maître, ingratitude d'autant
plus cruelle que pour lui la vieillesse est presque toujours un état de souffrance et d'infirmi-
té, car d'ordinaire il devient sourd ou aveugle.
Plus justes, les Mahométans, dans leurs bonnes
villes, lui réservent un hôpital.

Le chien est cité partout comme le symbole de
la fidélité, et cette fidélité se trouve inscrite déjà
aux premières pages de l'histoire, car il y est

dit que les chiens de l'innocent Abel restèrent gémissants auprès de son corps ensanglanté. Chez tous les peuples, son nom est devenu comme une injure, et, d'après les locutions proverbiales les plus usitées, l'homme paraît s'être complu vraiment à lui prêter tous les vices, à lui jeter tout son mépris; et pourtant la biographie des chiens célèbres, depuis le chien de saint Roch jusqu'à celui de Montargis, pourrait offrir, en quelque sorte, le modèle de plus d'une vertu.

La dépouille du chien n'est pas d'une grande valeur. Sa chair, il est vrai, paraissait avec honneur sur les tables de la Grèce et de Rome. Aujourd'hui même encore, elle est estimée à l'égal du celle du bœuf et du mouton dans la Chine, en Arabie, en Egypte, au Canada, dans les îles de la Société; mais elle n'a pas en Europe cette saveur agréable que lui donne peut-être un mode spécial d'alimentation. Sa peau sert à faire des gants qui rendent la main lisse et souple.

Dans l'histoire, le chien a rencontré de singulières vicissitudes. Maudit chez les Hébreux, il fut au contraire l'emblème de la ville de Tyr, cette opulente reine des mers, qui dut une partie de sa splendeur à la découverte de la pourpre, faite, disait-on, par le chien d'Hercule. Il fut vénéré par les Egyptiens, qui le placèrent au ciel, dans les constellations de Syrius et de Procyon, tandis que la mythologie en fit, sous le nom de Cerbère, le portier des enfers. Il fut toujours en faveur chez les Grecs, qui tour à tour admirèrent la mémoire du chien d'Ulysse, la beauté de celui d'Alcibiade, mais surtout le courage du chien de Xantippe, père de Périclès, se précipitant dans les flots pour suivre son maître au combat de Salamine. Chez les Romains, il ne fut pris en aversion qu'à l'époque du fameux siége du Capitole, où, pour sauver sans doute l'honneur de Manlius, il fut accusé d'avoir manqué de vigilance, et depuis, à chaque anniversaire, ignominieusement mis à mort, aux acclamations du peuple-roi.

Dans le moyen-âge, comme la chasse était le plus grand et, peut-être, l'unique plaisir des seigneurs dans leurs domaines, le chien propre à cet exercice jouissait alors de la plus haute estime. Le seigneur imposait à ses tenanciers la charge de nourrir tous ses chiens, et, à la cour, ce devint un des premiers devoirs du grand veneur. Un chevalier, dans les affaires les plus délicates, jurait par son chien, dont il était, du reste, suivi partout, même à l'église. Un

gentilhomme pouvait, dans un moment extrème, remettre sans honte son épée; il pouvait,
pour sa rançon, livrer sans reproche une cen-
taine de serfs; mais il ne pouvait, sans déshon-
neur, disposer ainsi de son chien, car c'était
comme une des armoiries de la noblesse, comme le gage de son droit le plus exclusif, le privilége de la chasse. Une des plus anciennes
maisons de France, celle de Montmorency, l'a-
dopta pour sa devise.

Aujourd'hui, chez tous les peuples, le chien
est le premier de tous les animaux domestiques; il est même le seul dans quelques contrées. En Angleterre, on le dresse surtout à la
chasse au renard, depuis qu'il a complètement
délivré le pays des loups qui l'infestaient. Au
Kamtschatka, son utilité, plus spéciale encore,
est aussi plus importante. Il y remplace le cheval et le renne : le cheval, qui ne pourrait vivre dans un climat où l'hiver dure la plus grande partie de l'année; le renne, qui demande
également beaucoup de soins et de repos. Le
Kamtschadale, outre l'avantage de pouvoir ainsi
gravir en traineau les montagnes les plus
abruptes, et passer sur la neige la plus épaisse,
trouve encore dans le chien, d'abord un conducteur excellent, qui sait ne pas perdre sa

route au milieu de l'obscurité la plus profonde, et puis une sorte de calorifère naturel qui le réchauffe dans son rude bivouac. Le chien, cependant, y est soumis à un régime impitoyable ; et, il faut bien l'avouer, c'est à peine si dans notre Europe, nous paraissons songer que, par ses qualités et par ses services, il mérite la suprématie sur tous les animaux. Quelquefois, par une bizarrerie toute contraire et qui n'est pas moins coupable, la passion pour le chien a été poussée jusqu'au ridicule. Et sans aller ici reprendre au temps le souvenir du roi de France Henri III, qui portait, dit Sully, un panier plein de petits chiens pendu à son cou par un large ruban, combien de personnes, chaque jour encore, prodiguent à un bichon fort inutile ce qu'elles refusent peut-être à l'indigent !

LE CHAT.

Le chat partage avec le chien notre foyer domestique. Il est plus petit, et beaucoup moins utile ; mais il est plus souple, plus léger, plus adroit, plus propre et plus fortement armé. Sa tête est plus arrondie, et ses mâchoires moins allongées ; il a les dents aiguës et la langue hérissée de pointes ; ses pattes antérieures ont presque toute la dextérité d'une main ; ses ongles acérés et crochus, rentrent naturellement dans une sorte de gaîne, s'y tenant en réserve pour le moment de l'attaque ou de la défense : ce que le langage vulgaire appelle *faire patte de velours* est donc pour le chat l'état du repos, et, par conséquent, ce serait une erreur de lui supposer ici la moindre perfidie. Il a le double privilége de marcher sans faire de bruit, car ses griffes ne touchent pas le sol ; et de pouvoir se précipiter d'une grande hauteur sans se blesser, parce que la plante de ses pattes est garnie de petites pelottes molles et élastiques. De ses organes des sens, celui de l'ouïe est le plus parfait ; son odorat est faible, et son goût assez obtus. Il est plutôt nocturne que diurne. Son œil, en effet, semble avoir trop de sensibilité pour le grand jour, et sa pupille, qui dans les ténèbres, est arrondie et dilatée, devient, à une vive lumière, longue et étroite comme une ligne. Son toucher ne s'exerce guère que par les soies roides qui forment des moustaches de chaque côté du museau ; mais ces moustaches sont le siége d'impressions très-délicates, et dès qu'il en est accidentellement privé, on le voit tout déconcerté, comme s'il eût perdu sa sauvegarde.

Le chat est plus carnivore que le chien. Il est

friand de chair palpitante, et dédaigne celle qui est en voie de putréfaction. Quoique très-musculeux, et faisant la chasse à de petits animaux qui ne peuvent se défendre, il n'attaque jamais à force ouverte. Il préfère la ruse et la patience; il guette sa proie des journées entières, s'efface pour se glisser sans en être aperçu, et puis d'un bond s'élance sur elle. Il ne néglige rien pour la surprendre, et ses plus petits scrupules de propreté, qu'on remarque dans les plus jeunes chats, ne sont que des précautions instinctives pour dissimuler tout ce qui pourrait trahir sa présence, et avertir ainsi les rats et les souris, parasites incommodes dont il délivre en effet nos demeures. Après avoir mangé, il s'essuie avec sa langue, dont il se sert aussi merveilleusement pour lustrer sa belle robe. Son sommeil est léger; toutefois une nourriture trop abondante l'appesantit, et il cesse alors d'être bon chasseur. Il supporte assez bien le jeûne, mais il peut être affecté de la rage spontanée. Sa satisfaction s'exprime par un murmure sourd et continu; sa colère, par un dur miaulement qu'accompagne l'agitation de sa queue. Il est défiant et observateur; ne s'établissant dans une nouvelle localité qu'après en avoir fait une visite exacte, il flaire, ou plutôt va toucher de ses moustaches tout ce qui lui paraît étrange, et cette manière de reconnaître les objets lui est, de jour, plus utile que la vue. Il aime ses aises et recherche les meubles les plus mollets pour s'y reposer ; il craint le froid, les mauvaises odeurs et l'eau elle-même, quoique d'ailleurs il soit forcé de boire souvent ; et, quoique sa vie soit tenace, il s'asphyxie aisément. Il aime les caresses, une douce chaleur et les parfums ; la plante aromatique appelée *chataire* lui fait même éprouver une sensation délicieuse. Il garde souvenir de la moindre injure, non pour se venger, mais pour fuir ; car il n'est hardi que par moyen extrême, et quand toute issue lui est impossible. Il saute plutôt qu'il ne court, et se fatigue plus vite que le chien. Plus attaché au logis qu'à son maître, il est cependant susceptible de reconnaissance ; mais la timidité, qui domine toute son organisation, ne lui permet pas d'avoir des affections à l'épreuve de la plus petite offense, et souvent, une simple menace suffit pour le rendre oublieux, en réveillant sa sauvagerie naturelle. Sa vie ne dépasse guère quinze ans.

La chatte, au milieu de ses petits, qui ne cessent de jouer autour d'elle, est calme et affectueuse. Elle a pour eux un miaulement tendre et particulier ; elle se plaît à leurs gentillesses, et se prête parfois à leurs espiégleries. Mais s'il s'agit de les défendre, aussitôt son regard étincelle, son poil se dresse, sa queue se gonfle, son dos s'élève et se voûte, tout son aspect est agressif et terrible. Après le danger, elle rallie ses petits et les caresse. Du reste, sa sollicitude maternelle est d'autant plus inquiète, que le chat lui-même dévore quelquefois sa progéniture ; aussi, cache-t-elle avec soin leur retraite, et, au moindre soupçon, les saisissant adroitement sur le cou, elle les emporte dans un réduit plus ignoré.

Le miaulement du chat varie avec son âge ; mais il n'a rien d'agréable, et ce n'est pas sans peine qu'on peut concevoir l'exécution harmonieuse du concert donné à Bruxelles en présence de Charles-Quint et en l'honneur de Philippe, son fils, prince de Castille. Cependant, voici ce que dit la relation de Jean Christoval Calvette :
« A la suite de plusieurs diables épouvantables
« précédant le cortége, venait, assis sur un
« chariot, un ours qui touchait un orgue, non
« pas composé de tuyaux comme les autres,
« mais d'une vingtaine de chats enfermés sé-
« parément dans des caisses étroites, où ils ne
« pouvaient se remuer ; leurs queues sortaient

« en haut par des trous faits exprès, elles étaient
« liées à des cordes attachées au registre de
« l'orgue. Or, à mesure que l'ours pressait les
« touches, il faisait lever les cordes, et tirait
« ainsi les queues des chats pour leur faire
« miauler avec mesure et justesse le ton des
« basses, des tailles et des dessus. » Ce *concert
miaulique* fut renouvelé depuis à Londres, et
dans une des principales foires de Paris.

Les variétés du chat ne sont pas aussi nombreuses que celles du chien, ni d'ailleurs aussi
différenciées. Le *chat sauvage,* type de l'espèce,
est gris-brun comme le lièvre, avec une bande
noire le long du dos, la queue très-velue et
annelée de noir. Le *chat tigré* est celui qui s'en
rapproche le plus ; mais on leur préfère, pour
la fourrure, le *chat d'Espagne,* et surtout le *chat
d'Angora.*

La biographie du chat n'a presque rien à en-
vier à celle du chien. Si le chat, en effet, n'eut
pas une place dans les cieux, il fut du moins
déifié dans l'ancienne Egypte, où son utilité
devait être d'autant mieux appréciée que le
pays était infesté de rats et de souris. On le
parfumait avec dévotion, on lui préparait pour
le repos un lit somptueux, on lui réservait une
des premières places dans les repas. La mort

d'un chat mettait en deuil toute la maison. Les magistrats eux-mêmes venaient l'embaumer pour le porter en grande pompe à Bubaste, où l'attendait l'apothéose. Le meurtre, même involontaire, d'un de ces êtres supérieurs était puni du dernier supplice.

Dans la Grèce, il n'y avait probablement pas de chats, ou, du moins, le silence des naturalistes grecs prouve qu'ils y étaient peu estimés; il en fut de même dans l'ancienne Rome, où l'on n'en vit chez les patriciens eux-mêmes qu'à l'époque des empereurs. Rome aujourd'hui fourmille de chats, et chaque jour, à une certaine heure, des bouchers, moyennant une petite rétribution, parcourent les rues appelant les chats, qui viennent ainsi recevoir d'eux leur pâture. Le chat fut le symbole de l'indépendance chez les anciens Germains; il est devenu depuis longtemps, mais à tort, celui de l'hypocrisie. Son nom se mêle en effet avec honneur au souvenir de plus d'un personnage. Mahomet chérissait tellement son chat, qu'un jour il coupa la manche de sa robe, sur laquelle dormait cet animal, afin de pas troubler son sommeil. Pétrarque avait une chatte qui trompait sa douleur et charmait sa solitude. Le Tasse, réduit à une pauvreté si extrême que la chandelle lui manquait pour écrire ses vers, priait sa chatte, par un joli sonnet, de lui prêter, la nuit, le flambeau de ses yeux. Montaigne et Colbert reposaient leur pensée aux jeux folâtres de leur chat. Hoffmann aimait tellement le sien qu'il ne put lui survivre.

Enfin, le chat a été plus d'une fois honoré du titre de légataire et d'héritier; mais il faut avouer que quelques personnages ont eu contre lui une aversion tout aussi bizarre : nous citerons surtout le roi de France Henri III, qui tombait en syncope à la vue d'un de ces animaux.

La dépouille du chat est diversement utile. La physique expérimentale a mis à profit la propriété qu'a son poil de s'électriser facilement. On en prépare aussi de bonnes fourrures, et les peaux de chats forment une branche assez considérable du commerce de la pelleterie. La Russie en fournit beaucoup plus que l'Espagne, et elle en vend non-seulement en Europe, mais encore et surtout à la Chine, où les fourrures, du reste, sont si recherchées. Les intestins de chat servent à faire des cordes de violon, et, notamment, des chanterelles, car leur tissu est plus dense et plus fort que celui du mouton.

LE CHEVAL.

Les belles proportions du cheval sont d'autant plus exceptionnelles qu'il est zoologiquement compris dans l'ordre des pachydermes, quadrupèdes massifs et presque difformes. Il est assurément la plus noble conquête de l'homme, et l'on peut dire qu'il est même resté au-dessus de l'éloge des poëtes par la régularité de son corps, la majesté de sa taille, la fierté de son regard et le charme de ses mouvements, lorsque surtout, dans l'impétuosité de sa course, dressant sa tête élégante et son oreille gracieuse, il abandonne à l'air les flots de sa crinière et les ondulations de sa queue. Sa vue est parfaite, son ouïe très-fine, son goût assez sûr, son odorat très-pénétrant; enfin, la moindre influence l'impressionne, et sa vitesse semble égaler parfois celle du vent. Sa bouche a beaucoup de sensibilité; sa lèvre supérieure est un organe de préhension assez délicat; son râtelier présente un espace vide où se place le mors. Sa voix, qu'on appelle *hennissement*, se modifie selon qu'elle exprime l'allégresse, l'affection, la colère, la crainte, la douleur. Il est naturellement d'un gris rougeâtre; on dit alors qu'il est alezan. Toutefois, l'état de domesticité multiplie beaucoup ses nuances. Son sabot corné croît durant toute sa vie, et, sur le sol, il ne s'use pas plus vite qu'il ne se reproduit; mais dans nos villes, pour le défendre du pavé, qui l'userait trop promptement, on a soin de le garnir d'une lame de fer. Le cheval a trois allures naturelles de plus en plus accélérées, le pas, le trot, le galop, et on peut l'habituer à une quatrième, l'amble, sorte de pas allongé presque aussi rapide que le trot, et fort doux pour le cavalier. Sa persévérance dans la fatigue va quelquefois jusqu'à le rendre martyr de son zèle ; l'inaction surtout lui est funeste. Il ne dort guère plus de quatre heures, et souvent il ne se couche pas. Il est essentiellement herbivore, ses pieds ne lui permettant pas plus de saisir une proie que ses dents de la déchirer. Ses mœurs sont douces, et sa docilité, pleine d'intelligence ; car, sans remonter aux Numides qui, n'ayant ni bride ni éperon, ne les dirigeaient que de la voix, quelle souplesse merveilleuse à tous les ordres, à tous les gestes, dans les chevaux fougueux de nos cirques! Il s'attache à celui dont il reçoit les soins ; il se souvient longtemps aussi des mauvais traitements, et s'en venge quelquefois par des morsures ou par des ruades; mais son oreille alors se portant vivement en arrière, trahit d'avance son intention. Il craint le bruit, et surtout l'orage. La flûte lui fait éprouver beaucoup de plaisir, et c'était au son de cet instrument que les Sybarites enseignaient la danse à leurs chevaux, circonstance qui fut très-habilement mise à profit par les Crotoniates dans une expédition contre ce peuple efféminé. Aristote et Athénée rapportent en effet qu'au moment du combat, loin de sonner la charge, les Crotoniates jouèrent de la flûte, et aussitôt la cavalerie sybarite, comme saisie de vertige, se prit à sauter en cadence, à rompre les rangs ; et bientôt les chevaux passèrent à l'ennemi, emportant leurs cavaliers stupéfaits d'une manœuvre si nouvelle.

Depuis un temps immémorial, il a le privilége d'être le compagnon de l'homme dans tous les périls de la guerre. Il est même, sous la main de son maître, d'une intrépidité d'autant plus étonnante qu'il semble naturellement fait pour la fuite. Son usage dans les armées remonte assez haut, notamment chez les Egyptiens ; car ce fut avec sa cavalerie que le Pharaon Aménophis poursuivit les Hébreux dans le désert. Du reste, les premiers écuyers causèrent tant de frayeur et de surprise, que l'imagination poétique des Grecs, confondant l'homme avec le cheval, en fit des monstres de nouvelle forme, appelés Centaures.

La jument, d'ailleurs fort bonne mère, n'a qu'un seul petit qui, presque en naissant, peut se tenir debout ; mais le travail ne doit pas lui être imposé trop tôt, pour ne pas nuire à son développement. Selon sa nature, ensuite, on le réserve pour le tirage ou pour la selle ; car le cheval de selle n'est pas le même que celui du tirage, chacun d'eux toutefois ayant une beauté propre qui réside dans le rapport de ses qualités avec l'office qu'il doit remplir. De tous les animaux domestiques, aucun n'a été aussi bien étudié, aucun n'est employé à un plus grand nombre d'usages utiles ou agréables, aucun n'a autant de maladies. La durée de sa vie est d'environ trente ans ; mais, après douze, il est hors d'âge, c'est-à-dire que, l'inspection de ses dents ne pouvant plus faire préciser son âge, il a perdu la plus grande partie de son prix. Il est, du reste, beaucoup mieux traité chez les peuples nomades que dans les pays civilisés, où, le plus souvent, il passe une vie dure et laborieuse ; et puis, lorsqu'il est devenu vieux ou infirme, l'égoïsme du maître le condamne à la voirie.

Sa peau donne un cuir souple et tenace, principalement employé pour la sellerie; sa chair ne se mange guère que dans les moments extrêmes, mais son crin sert a mille emplois divers : à rembourrer les coussins, à faire des aigrettes, des cordes, des tamis, à garnir des archets de basse et de violon.

Son rôle historique est véritablement digne d'envie. Consacré au dieu Mars, il fut chez les Anciens le symbole de la guerre; mais il eut en même temps le droit exclusif de conduire le char du soleil, et l'honneur de prendre rang parmi les constellations. Dans les jeux olympiques, il était le gage de la victoire. Après Alexandre, il devint l'emblème des rois de Macédoine, et plus tard, celui de Carthage. Son image était frappée sur les monnaies gauloises; les Germains avaient une sorte de vénération pour lui; les Francs lui conservèrent tant d'estime, qu'il partageait toujours les honneurs funèbres de celui dont il avait partagé les dangers, et le vestige de cette coutume se retrouve encore aujourd'hui dans la présence officielle du cheval au riche convoi d'un homme de guerre. Clovis II, prince valétudinaire, ayant été forcé de remplacer l'usage du cheval par le *carpentum*, sorte de charrette traînée par des bœufs, ouvrit le premier cette série de nos rois impitoya-

blement appelés *fainéants,* parce qu'en effet, pour
ces peuples belliqueux, un roi devait être le
chef des guerriers, si même il n'en était le plus
brave. On comprend de quelle importance dut
être le cheval au moyen-âge; aussi le blason
l'adopta pour hiéroglyphe de la valeur. Longtemps après encore, un gentilhomme n'allait
jamais à la guerre sans son coursier, une noble
châtelaine ne se montrait en public que sur un
palefroi, et les magistrats eux mêmes chevau-
chaient pour se rendre au parlement. De toutes
les redevances dues par le vassal au suzerain,
le cheval était une des premières, car la cavalerie faisait la principale force des armées, et,
quoiqu'elle n'en forme guère aujourd'hui que le
cinquième, le cheval n'en constitue pas moins
une des plus grandes richesses nationales; et,
au milieu des idées aujourd'hui plus positives,
il n'a pas même perdu toute son ancienne
splendeur, car dans nos monuments, la plupart
des personnages illustres sont représentés sur
un coursier, comme si le cheval devait, par sa
forme grandiose, en mieux poétiser le souvenir.

La queue du cheval est l'étendard de guerre
chez les Tartares et les Chinois; elle est chez les
Turcs une marque de dignité. Il y a des pachas
à une, à deux et à trois queues. Le grand-visir

en a cinq, le sultan en fait porter sept devant lui. C'est en Arabie, d'où le cheval paraît être originaire, qu'il se montre encore doué de plus d'ardeur et de plus d'énergie; la naissance d'un poulain y est même souvent constatée, ainsi que dans les pays Barbaresques, avec plus de formalités que celle d'un prince. L'Angleterre n'a rien épargné pour se donner une race, qui ne laisse en effet rien à désirer; les efforts de la France commencent à lui rendre enfin les excellents chevaux qu'elle possédait à l'époque de la féodalité. L'Allemagne, par des soins mieux dirigés ou plus soutenus, obtient, depuis long-temps déjà, des résultats satisfaisants. L'Amérique, qui reçut le cheval de l'Europe, en possède déjà de belles races, et dans quelques-unes de ses parties, l'espèce y est devenue si commune, qu'il n'est pas rare de voir des mendiants faire leur quête, montés sur de très-bons chevaux.

Parmi les notabilités chevalines, nos souvenirs doivent citer, à différents titres : *Pégase*, le coursier d'Apollon et des Muses, auquel la mythologie donna des ailes, comme attribut de sa vitesse; *Bucéphale*, qui eut la gloire de participer à tous les triomphes d'Alexandre, depuis le Granique où Darius pressentit sa chute, jusqu'à l'Hydaspe où fut soumis Porus; enfin, le favori de Caligula, *Incitatus*, qui avait une maison, des meubles, un nombreux domestique pour traiter d'une manière somptueuse ses nombreux courtisans, et qui, après avoir été revêtu du sacerdoce, faillit même devenir consul. Mais, que d'autres noms l'histoire aurait dû défendre de l'oubli ! depuis le cheval qui ramena dans Rome la jeune Clélie, honteusement livrée comme otage, jusqu'au coursier que montait l'héroïne de Vaucouleurs, Jeanne d'Arc, qui périt à peine âgée de vingt ans, coupable d'avoir noblement sauvé son pays !

L'ANE.

L'Ane est de tous les animaux domestiques le plus méconnu peut-être, et par conséquent le plus négligé. Sa couleur, plus ou moins grise, est coupée par une bande noire qui, faisant la croix, descend sur les épaules et longe tout le dos. Sa taille est plus petite que celle du cheval, ses oreilles plus longues, son allure moins noble, ses formes moins correctes, et son aspect moins avantageux. Mais il supporte mieux la fatigue et la soif, il dort moins, a la jambe plus nette et le pas plus assuré ; il est humble, patient et sobre ; sa vue enfin est pénétrante, son ouïe merveilleuse, son odorat parfait. Il n'est pas dépourvu d'instinct : il reconnaît sans peine les sentiers qu'il a suivis une seule fois ; et, sachant retrouver son maître au milieu de la foule, il court à lui, affectueux et caressant, à lui qui peut-être ne le toucha jamais que du bâton. Du reste, il reçoit également la selle, le bât, le brancard ; mais il a une grande répugnance pour le mors, parce qu'il espère, chemin faisant, pouvoir broûter quelques chardons. Il aime à se rouler sur le sol, et ne manque qu'à regret l'occasion de suppléer ainsi à l'incurie de ceux qui profitent de ses services sans se donner le soin de l'étriller. Il remplit en petit tous les offices du cheval, vit de presque rien et sert toute la journée. C'est donc par son utilité, qu'il mérite surtout notre estime. Toutefois, l'âne au désert déploie des qualités brillantes qu'il conserve encore sous un régime tolérable. En Europe même, il est dans son enfance vif, jovial et gracieux ; mais, comme on n'attend pas pour le mettre à l'œuvre qu'il ait acquis des forces suffisantes, il devient bientôt, sous les coups, lent, morose et contrefait. Pour lui, en effet, toujours le travail, jamais une caresse ; et lorsque après douze ou quinze ans de souffrances, il rencontre à peine au milieu de sa vie la vieillesse anticipée qu'on lui a faite, ses jours s'achèvent à la voirie, et son nom reste parmi les hommes comme le type de la bêtise et de la stupidité !

Le villageois a mis en proverbe que : *Plus l'âne est chargé, mieux il va ;* s'il en est ainsi, c'est qu'en se hâtant d'arriver au but, pour être délivré plus tôt de sa charge, l'âne montre plus d'intelligence encore que le rustre qui le fait fléchir sous le poids ; et, quant à la roideur opiniâtre qu'on lui reproche, n'est-elle pas la conséquence même des mauvais traitements qu'on lui fait subir ?

L'ânesse est bonne mère, et n'épargne aucun soin, aucun sacrifice à l'ânon. Son lait, mis en vogue par François Ier, est d'un fréquent usage en médecine. La chair de l'ânon, recherchée chez les Romains depuis Mécène, figurait encore avec honneur au XVIe siècle sur la table du chancelier Duprat.

La peau d'âne, plus dure, plus souple, plus épaisse que celle de la plupart des autres mammifères, est aussi moins attaquée par les insectes : l'industrie en fabrique des cribles, des tambours, de bonne chaussures, et du gros parchemin pour les tablettes de poche.

Originaire de l'Asie, l'âne passa d'abord de l'Arabie en Egypte, d'où successivement il nous est venu, par l'intermédiaire de la Grèce et de l'Italie. Il ne se montre guère dans le nord de l'Europe, car il craint le froid, et n'était pas encore connu en Angleterre sous le règne d'Elisabeth. Introduit par Washington aux Etats-Unis, il parcourt aujourd'hui en troupes nombreuses les pampas de l'Amérique méridionale, où il retrouve le soleil brûlant de sa patrie. Les ânes d'Arcadie étaient fameux dans l'ancienne Grèce. Maintenant, après les races de l'Arabie et de l'Egypte, on cite celles de Malte, de l'Italie et de l'Espagne, comme aussi notre race française du Mirebelais.

Elevé avec soin par les Hébreux, l'âne par cela même fut en horreur à l'antique Egypte. Les Indiens le considèrent encore comme immonde; mais les Perses, les Chinois, et depuis longtemps les Egyptiens eux-mêmes, y attachent beaucoup de prix. Au Caire ainsi qu'à Pékin, une multitude d'ânes tout sellés et bridés sont dans les carrefours au service du public, comme sur nos places d'Europe les carrosses et les cabriolets.

Nous laissons à l'histoire le soin de développer tous les faits divers que rappellent l'ânesse du prophète Balaam, l'arme singulière dont se servit Samson contre les Philistins; le condisciple étrange qu'Ammonius donnait au grand Origène, son élève ; le dicton populaire sur l'âne de Louis XI ; le sauveur inattendu que trouva Beaumarchais à l'époque de la Terreur. Disons seulement, avec l'Écriture, que ce fut une ânesse qui servit de monture à la sainte Famille, lors de sa fuite en Egypte ; que ce fut aussi sur une ânesse que Jésus-Christ fit son entrée triomphante dans Jérusalem. C'était en commémoration de ces grands souvenirs que la chrétienté du moyen-âge célébrait la *fête des ânes* avec tant de pompe et de naïveté.

Le cheval et l'âne diffèrent assurément sous plusieurs rapports ; cependant ils sont liés par une telle affinité, que de ces deux espèces si voisines dérive le *mulet*, qui en réunit les prinpaux caractères.

LE BŒUF.

Le Bœuf est pour l'homme une acquisition moins brillante sans doute, mais plus utile que la conquête du cheval : sur lui repose, en quelque sorte, toute l'industrie agricole ; et tandis que la sûreté de son pas et la force de ses muscles le rendent essentiellement propre au labourage, l'excellence de sa chair le place encore au premier rang des quadrupèdes qui servent à notre nourriture.

Armé de deux cornes terribles auxquelles le bois le plus dur ne peut résister, et doué d'une puissance telle que, d'un seul coup de tête, il jette au loin des poids considérables, il n'use guère toutefois de ce formidable appareil que pour se défendre ; car il ne vit que de feuilles, de fruits et de pâturages. Ses cornes sont permanentes ; mais, fracturées, elles ne se reproduisent plus. Pour l'habituer au joug, la ruse est nécessaire, et dans tous les cas le jeûne et les caresses valent mieux, pour le réduire, que les coups et l'aiguillon ; mais, s'il n'abdique pas toute volonté pour obéir au moindre signe, comme le cheval, il coûte moins à nourrir, et met au service de son maître plus de patience à la fois et plus de force. Il mange vite, puis se couche pour ruminer et digérer à loisir. Il nage assez bien et, quoique sa marche habituelle soit lente, il peut courir assez rapidement ; de telle sorte qu'au Bengale, on l'attelle à de légères voitures, et, que dans l'Afrique équatoriale, des peuplades entières le montent à la selle comme un coursier. Il dort peu et d'un sommeil léger ; son cri se nomme *mugissement ;*

sa couleur, généralement fauve, passe quelquefois au noir et au blanc.

Robuste et colossal, il demande pourtant quelques soins. Il craint les fortes chaleurs et, bien qu'il supporte mieux les grands froids, il est très-sensible aux courants d'air, surtout quand il est en sueur. Il faut aussi le défendre des mouches, qui le tourmentent beaucoup, et préserver principalement ses oreilles et ses yeux. Sa vie ne dépasse pas quinze années ; ordinairement même il n'atteint pas cet âge ; car, à dix ans, on l'engraisse pour le livrer au boucher. Sa chair est succulente et nutritive ; celle du veau l'est moins ; celle de la vache est fort peu savoureuse : le lait l'ayant privée des sucs qui la rendraient agréable. Mais ce lait est un comestible précieux, dont on fait aussi du fromage, quand on le caille, et du beurre, quand on le bat. Sa composition chimique prouve l'infinie sagesse de la Providence : c'est un aliment complet, merveilleusement assorti au premier âge et que rien ici ne peut remplacer.

L'usage du lait se perd dans la nuit des temps. Les premiers patriarches, qui ne furent que de riches pasteurs, estimèrent infiniment cette nourriture si saine, si abondante et si douce.

Le fromage lui-même est un mets très-ancien.
A Rome, celui de Pergame était très-recherché.
L'Europe en fabrique aujourd'hui de toute sorte,
de toute nuance et de toute saveur. La France
surtout en fournit plusieurs espèces entre lesquelles la préférence restera longtemps indé-
cise.

Nous devons mentionner principalement ceux
de Roquefort, Brie, Neufchâtel, Marolles, Pon-
tarlier, Sassenage, Pont-l'Évêque, Septmoncel,
Olivet, Gex ; et parmi les fromages étrangers,
ceux de Gruyère, Chester, Hollande et Parme.

La France est peut-être encore le pays le plus
renommé pour le beurre : il suffit de citer ceux
de la Prévalaye, d'Isigny et de Campan. Les
Grecs n'ont connu le beurre que très-tard. Les
Romains eux-mêmes ne l'employèrent pas comme aliment. On le brûlait dans les lampes, durant les premiers siècles de l'Église; car, en
817, l'huile était encore si rare, que le concile
d'Aix-la-Chapelle permit aux moines l'usage du
jus de lard ; et toujours elle fut si chère que,
dès 1491, le Souverain-Pontife autorisa dans
tous les diocèses l'emploi du beurre en assaisonnement pour les jours maigres.

Enfin, l'industrie tire un immense parti de
toute la dépouille du bœuf. Ses cornes pren-

nent au tour mille formes diverses ; sa peau devient un cuir parfait ; ses sabots sont convertis en colle forte ; ses os donnent de la gélatine d'abord , et puis le noir animal utilisé par les raffineries de sucre ; son sang est employé dans quelques arts , et sa chair , qui se sale et se fume, est la ressource ordinaire des expéditions lointaines et des villes assiégées.

On trouve le bœuf dans toute l'Europe , dans la plus grande partie de l'Asie et de l'Afrique, et il s'est beaucoup multiplié en Amérique, depuis que les Européens l'y ont transporté. Partout , et à toutes les époques, il fut considéré comme l'animal le plus nécessaire aux travaux des champs ; et, pour mieux assurer sa vie, les lois civiles et religieuses, à l'enfance des sociétés, le prirent souvent sous leur sauvegarde. On l'adorait dans la vieille Égypte, sous le nom d'Apis, et une place lui fut réservée dans le ciel. Les monuments les plus antiques de l'Inde attestent aussi que, dans les anciennes croyances de ce pays, comme dans celles de la Chine, le bœuf était l'objet d'une très-grande vénération. Les Gaulois le comptaient parmi leurs divinités ; longtemps même les Grecs et les Romains ne l'immolèrent que sur les autels.

Parmi les nombreux faits historiques auxquels se lie le souvenir du bœuf, nous devons rappeler : Annibal échappant par une manœuvre adroite aux lignes de Fabius ; nos Rois dits fainéants adoptant l'attelage de Cybèle et de Triptolème ; l'arrêt de 1499 condamnant un bœuf à la potence, pour avoir occis un jeune garçon ; enfin la noble allégorie du Bœuf-Gras, dégénérée en parade si ridicule, qu'il serait bien difficile aujourd'hui de reconnaître, au milieu de toute cette mythologie burlesque, la fête de l'agriculture, mère nourricière de l'humanité.

LE MOUTON.

Naturellement doux et timide, ce ruminant, plus que tout autre, a besoin de vivre auprès de l'homme ; car, exposé sans cesse à la voracité des loups, il n'a pour se défendre ni force, ni ruse, ni instinct. Ses jambes grêles lui refusent le moyen de fuir avec assez de vitesse, et puis il ne peut guère se faire une arme de ses cornes, qui du reste sont creuses, ridées transversalement et tournées en spirale. La brebis elle-même, pour sauver son agneau, n'a, comme lui, qu'une prière dans sa voix, appelée *bêlement*.

Les plaines sablonneuses des régions tempérées sont la véritable patrie du mouton ; il les préfère aux gras pâturages , et craint surtout l'humidité. Seul il a le double avantage de nous nourrir à la fois et de nous vêtir. Sa chair est moins nutritive que celle du bœuf ; mais elle convient à tous les âges, à tous les tempéraments et dans toutes les saisons, surtout en été. Sa graisse est le plus blanc , le plus ferme , le plus abondant de tous les suifs , et le plus estimé pour la fabrication de la chandelle, industrie qui naquit après les croisades. La chair de l'agneau, si goûtée autrefois à Jérusalem, à Athènes et à Rome, est légère et agréable. Celle de la brebis , prohibée dans l'antique Egypte , est dure et visqueuse ; mais le lait de la brebis est très-savoureux : il donne en petite quantité un beurre fort délicat , et il est très-propre à former , seul ou mêlé à d'autres laits , différentes sortes de fromages , parmi lesquels il faut citer celui de Roquefort , si réputé depuis tant de siècles.

La peau de mouton, qui fut le premier vêtement des hommes , sert à faire une espèce de cuir pour gants et reliure , mais particulièrement le parchemin, qui, employé déjà du temps de Cicéron , fut surtout si nécessaire à cette époque du moyen-âge où l'Europe, privée de papyrus, ne connaissait pas encore le papier. Ses intestins servent plus spécialement à faire des cordes harmoniques. C'est surtout de ses os qu'on extrait le phosphore. Mais la principale richesse de la race ovine est sa toison, qu'on dépouille deux fois l'an, et qui, débarrassée de son suint et soigneusement peignée, alimente les manufactures de draps, de flanelle et de mille tissus divers.

La plus belle espèce de mouton pour la production de la laine est le mérinos. Ce mouton, originaire de la Barbarie, passa d'abord en Espagne, où le propagea don Pèdre, roi de Castille ; et plus tard en France, par les soins du célèbre Daubenton ; puis enfin dans la Saxe, dont il est aujourd'hui peut-être le plus beau produit. Edouard III l'introduisit, dès le XIVe siècle, en Angleterre, où lui fut si utile la sollicitude d'Henri VIII et d'Élisabeth ; mais le changement de climat rendit la laine plus longue, en diminuant toutefois sa finesse. En même temps, des ouvriers habiles furent demandés aux manufactures étrangères, surtout à celles de Bruges déjà très-florissantes, et les tissus anglais furent bientôt fort recherchés. Charles II, par un acte encore en vigueur jusque dans ces derniers temps, ordonna d'enterrer les morts dans un linceul de laine, afin d'assurer ainsi la protection forcée de chaque habitant de l'Angleterre pour cette branche d'industrie ; et c'est aussi afin de rappeler sans cesse à la nation de quelle importance est pour elle ce commerce , que dans la chambre des lords un sac de laine sert de siége à l'orateur, qui est ordinairement le lord chancelier.

En France, la race ovine s'est beaucoup améliorée sans doute, et dans quelques départements on dépouille des laines d'une grande beauté ; mais nos laines superfines sont encore très-rares , et le prix de nos laines communes est trop élevé. Nous devons surtout regretter que notre pays soit si pauvre en laines propres au peigne, qui sont indispensables pour la fabrication de ces innombrables étoffes rases, qu'on appelle *mérinos, alépines*, etc., et qui sont devenues pour l'Angleterre un immense produit. La filature de la laine a fait plus de progrès et répond mieux aux besoins de nos manufactures de draps, parmi lesquelles Elbeuf, Sédan, Louviers et Castres tiennent toujours le premier rang.

Dans le langage ordinaire, l'agneau est l'emblème de la douceur, et la brebis est l'emblème de la soumission. Dans la langue mystique, l'agneau est le symbole du Divin Rédempteur, et la brebis est l'image des âmes rachetées.

LA CHÈVRE.

La Chèvre, femelle du bouc, est de nos ruminants domestiques le plus facile à nourrir. Les herbes les plus communes lui suffisent, en effet; les plantes vénéneuses même semblent prendre pour elle des propriétés alimentaires. Elle se distingue, au premier aspect, par ses cornes ridées et sa longue barbe, par sa taille plus petite et plus svelte que celle de la vache, plus musculeuse et plus élevée que celle de la brebis. Elle a reçu en effet une organisation à la fois légère et robuste. Ses membres souples et vigoureux ne sont chargés ni de graisse ni de chair. Sa laine droite et couchée ne laisse pas de prise aux buissons, tandis que son sabot creux et fendu saisit le roc et s'y tient. Capricieuse et vagabonde, elle se soumet difficilement à la discipline du troupeau ; libre, elle se plaît aux lieux les plus arides et les plus escarpés; elle aime à se suspendre hardiment aux bords des précipices et à bondir tout à l'aise sur la crête des rochers. Sa couleur ordinaire est le noir ou le blanc. Née sous un climat sec et chaud, elle craint le froid et l'humidité. Sa vie ne dépasse guère quinze ans. Ses petits portent le nom de chevreaux.

Son lait, moins nutritif sans doute que celui de la vache et moins propre à faire du beurre, est toutefois fort utile dans les fromageries, et très-convenable pour les enfants, dont elle peut même d'autant mieux devenir la nourrice, que les moindres caresses la rendent confiante et familière. Mais à toutes ses qualités s'ajoute, il faut l'avouer, un inconvénient grave : sa dent est meurtrière pour les bourgeons des vignes et l'écorce des arbustes. Aussi la chèvre doit-elle être soigneusement écartée des jardins et des taillis, car les dégâts que bien vite elle y cause expliquent, sans les justifier cependant, les dispositions restrictives de plusieurs Coutumes qui sont tombées, du reste, en désuétude (1).

La chèvre offre de nombreuses variétés, parmi lesquelles nous devons citer celle d'Europe, que recommande l'abondance de son lait; celle d'Angora, qui se distingue par ses cornes en spirale, sa toison, sa taille avantageuse; celle

____

(1) Notamment les Coutumes du Nivernais, d'Orléans, de Normandie, du Poitou.

de Cachemire (1), aux oreilles pendantes, si estimée pour la belle toison soyeuse qu'elle produit tous les ans; enfin celle d'Afrique, si remarquable par sa gentillesse et sa vivacité. La chèvre manquait à l'Amérique; elle s'y est aujourd'hui propagée.

Sa chair, qui était mangée dans la Grèce, n'est pas agréable, et celle du bouc a une odeur forte et repoussante; mais celle du jeune chevreau n'est pas dédaignée même des gastronomes. Son suif fait d'excellentes chandelles; sa laine, plus ou moins précieuse, peut être tissée; et les Hébreux la tondaient déjà dans la Palestine; sa peau, souple et douce, sert pour chaussure de dames, pour maroquin; sa corne est employée dans les fabriques de colle forte.

La chèvre trouva plus que des soins chez tous les peuples de l'antiquité, mais principalement chez les Egyptiens, qui, pour la récompenser d'avoir, sous le nom d'Amalthée, servi de nourrice à Jupiter, la placèrent dans le ciel (2). Dans les grandes circonstances, elle était une victime

(1) Dénomination impropre, car cette chèvre habite toute l'Asie centrale.

(2) Etoile de première grandeur, dans la constellation du Cocher.

de choix. Ainsi, au moment de livrer la bataille de Marathon, qui allait décider peut-être de tout l'avenir de la Grèce, les Athéniens promirent de sacrifier à Diane autant de chèvres qu'il y aurait de Perses mis hors de combat. Mais la victoire fut si sanglante, que l'accomplissement de leur vœu devant épuiser les troupeaux de l'Attique, on réduisit l'holocauste à cinq cents. Le bouc, au contraire, fut mal venu partout et abhorré ; en Egypte seulement, le souvenir du dieu Pan le sauva de l'aversion universelle. Dans le rite mosaïque, tous les ans, un bouc désigné par le sort était jeté au désert, chargé des imprécations et des péchés d'Israël : c'était le bouc émissaire Dans les livres saints encore, le bouc est l'emblème des réprouvés.

La chèvre était commune chez les Hébreux, qui déjà savaient utiliser sa toison. Au moyen-âge, on l'élevait en grand, et elle était soumise à la dîme. Mais les dommages qu'elle occasionne, quand on la laisse en liberté, firent restreindre peu à peu son éducation. Espérons aujourd'hui que le Code rural, en accordant aux intérêts agricoles la garantie qu'ils réclament, n'oubliera pas cependant que la chèvre est la *vache du pauvre*. Espérons surtout que des soins intelligents et soutenus pourront en améliorer l'espèce ou même acclimater la chèvre cachemirienne, cette richesse de l'Orient. C'est à Kilghiet, dans le district de Loudak, et à vingt journées de Cachemire, que se tient le grand marché des laines destinées à la fabrication de ces tissus moelleux, presque aussi recherchés des Européens que des Orientaux. Chaque chèvre ne donne guère en première qualité qu'un demi-kilogramme de laine, c'est-à-dire la quantité suffisante pour un châle. Quoique cette livre de laine ne se vende que 7 fr. 50 cent., et que le salaire de l'ouvrier ne soit que d'environ 15 cent. par jour, cependant, par suite du lavage, de la teinture et du tissage, par suite aussi des droits de fabrication et de transport, le prix s'en élève considérablement. Mais, si le châle espouliné indien est le triomphe de la main-d'œuvre et de la patience, le châle découpé européen est le chef-d'œuvre de la mécanique et de l'art. L'industrie française des châles est aujourd'hui sans rivale en Europe. On peut même dire qu'il n'y a pas un beau dessin de l'Inde qui ne soit parfaitement imité, et qu'il n'y a point de tissu de l'Orient dont on n'égale la finesse. Or, les châles français coûtent 7 à 800 fr., tandis que les originaux ont coûté 6 à 7,000 fr.; et cependant l'œil le plus exercé ne pourrait au droit sens les distinguer.

LE PORC.

Parmi les animaux tributaires de nos besoins, le porc est un des plus faciles à nourrir ; et quoique son utilité ne commence pour ainsi dire qu'après sa mort, il n'en est pas moins un des plus précieux de l'économie champêtre, car tout est produit dans sa dépouille.

Son corps est lourd, son allure gênée, ses mouvements disgracieux ; sa peau dure est garnie de soies roides et longues ; ses yeux sont petits, et le paraissent d'autant plus que ses oreilles sont grandes et que son nez se prolonge en boutoir. Une graisse spéciale, différente de celle qui se trouve mêlée à sa chair, le recouvre en entier, formant sous la peau une couche épaisse et distincte appelée *lard*.

Le porc a les sens très-obtus, mais le flair très-délicat. De son museau nommé groin, il peut fouir le sol et en arracher les plus fortes racines ; sa voix, habituellement grave, grondeuse, éclate parfois en cris pénétrants, surtout quand il est jeune. Il mange quelquefois ses propres petits et les enfants nouveau-nés. Dans sa gloutonnerie brutale, il s'accommode indifféremment de toute sorte d'aliments, et même de ceux qui rebutent les autres animaux.

Mais cette immonde voracité n'altère pas la qualité de sa chair qui, cependant, acquiert plus de saveur et de fermeté, lorsqu'il est nourri de glands, de son, de fougère. Avec la propreté, le repos et une abondante nourriture, il devient bientôt gras, et peut peser alors jusqu'à 500 kilogrammes. Malheureusement son éducation est comme abandonnée à la routine, et sous prétexte qu'il se plaît dans la fange, on ne se donne guère le soin de le laver. Cependant il n'est réellement sale que parce qu'on le néglige, et ne se vautre dans la boue humide que pour s'y rafraîchir.

Sa maladie la plus commune est la ladrerie, déterminée par la présence d'un petit ver qui se développe dans sa graisse et s'y multiplie. Sa vie, qui serait de quinze ou vingt ans, n'arrive jamais à ce terme : parce qu'on le livre bientôt à la consommation, consommation énorme sans doute, mais qui ne compromet pas l'espèce, car la truie, d'après les calculs de Vauban, peut avoir une très-nombreuse famille.

Le porc offre une chair très-nutritive, et sa graisse est pour les légumes un assaisonnement fort estimé. Personne n'ignore, du reste, les différentes formes et dénominations sous lesquelles le charcutier débite sa chair, fraîche, fumée ou salée, ainsi que son sang, ses intestins et ses viscères, ses pieds et ses oreilles, sa langue et sa tête, sa graisse et son lard.

On fait des cribles de sa peau, qui peut aussi être tannée. Ses soies servent à faire des brosses et des pinceaux, et à guider le fil du cordonnier.

Le porc appartient aujourd'hui à presque tous les points du globe, mais il préfère les climats tempérés. Transporté en Amérique par les Européens, il y est, dans quelques localités, redevenu sauvage, c'est-à-dire sanglier. La race chinoise est la plus fine et la plus recherchée.

En Egypte, en Arabie et en Palestine, un simple précepte d'hygiène, revêtant le caractère et la force d'une loi religieuse, défendit l'usage de sa chair, qui convient peu en effet dans les climats brûlants, où d'ailleurs l'espèce elle-même dégénère, car le porc aime les bois et le frais, et ne supporte qu'avec peine les ardeurs de la soif et du soleil.

Cet aliment fut à Rome fort goûté, surtout à l'époque des Empereurs; et l'on sait que le cuisinier d'Antoine fut doté d'une ville, pour avoir su satisfaire à cet égard le goût du triumvir. Une des manières les plus somptueuses de l'apprêter reçut le nom de *troyenne*, par allusion au cheval de bois dont l'intérieur était rempli de combattants : le porc alors était servi tout entier, mais farci de grives, de bec-figues, d'huîtres, et arrosé du vin le plus délicieux, du jus le plus exquis.

Ce fut aussi le mets fondamental des Gaulois et des Francs, qui en avaient des troupeaux considérables. La loi Salique consacrait à cet animal domestique des dispositions toutes particulières, et cette sorte de dîme constituait le plus important revenu des églises. Longtemps même, on vit les porcs vaguer dans les rues pêle-mêle avec les oiseaux de basse-cour. Mais, en 1131, le prince Philippe, que Louis-le-Gros, son père, avait associé à la couronne, étant mort d'une chute causée par un pourceau qui s'était embarrassé dans les jambes de son cheval, ce droit de libre circulation pour les porcs devint un privilége exclusif à ceux de l'abbaye de Saint-Antoine, sous la condition toutefois qu'ils porteraient au cou une clochette. L'histoire ne dit pas si ce pourceau fut traduit en justice ; d'où résulte peut-être que l'usage singulier d'instruire des procès contre les animaux malfaisants n'existait pas encore. Mais nous voyons, en 1386, une truie pendue à Falaise pour avoir déchiré un enfant, et huit ans après, un porc également pendu à Romagny pour le même crime. Pour terminer enfin par un souvenir étrange, nous devons surtout citer le fameux ballet et le concert plus fameux encore exécutés par des pourceaux qui surent distraire un moment et même égayer Louis XI au Plessis-lès-Tours.

Quoi qu'il en soit, le porc est encore aujourd'hui la principale nourriture de la plupart des habitants de nos campagnes ; et, dans plusieurs de nos cités, ce n'est pas seulement pour la classe ouvrière qu'il est une grande ressource, puisque sur divers articles de charcuterie repose en partie l'illustration commerciale de Bayonne, Strasbourg, Lyon, Troyes, Sainte-Menehould.

LE LAPIN.

Entouré de périls et n'ayant que la fuite pour sauvegarde, le lapin se trouve plus disposé par cela même à la domesticité. Il ne diffère guère du lièvre que par ses plus petites proportions, et fut comme lui, chez les Anciens, le symbole de la peur. Sa vie, en effet, qui comprend à peine huit ou neuf ans, n'est pour ainsi dire qu'une alternative d'inquiétudes sans cesse renaissantes et bien vite oubliées. Mais, tandis que le frôlement d'une feuille l'épouvante, il se plaît au contraire au pied de ces cratères mal éteints de l'Italie où les convulsions du sol glacent d'effroi l'homme lui-même.

Il boit rarement et ne peut supporter l'humidité. Il se creuse avec adresse des galeries souterraines ou terriers, et s'y ménage en tout sens des orifices, afin que le vent, quelle que soit sa direction, vienne l'avertir du danger.

Alerte dans ses excursions, il dresse la tête au moindre bruit, et il explore l'air, ne remuant que ses oreilles, qui, très-mobiles et allongées en cornet acoustique, sont merveilleusement propres à recueillir le son. Quand il veut fuir, il détend tout d'un coup ses pattes élastiques, et fait des bonds prodigieux, franchissant ainsi comme une flèche les haies et les ravins.

Plus vigilante encore et moins timorée, la femelle donne presque toujours la première le signal de la retraite; mais elle ne rentre au gîte qu'après ses lapereaux. Sa fécondité est extrême, et elle devait l'être, car la nature qui compense tout avec une sagesse admirable, a donné au lapin de nombreux ennemis : le loup et le renard, qui le prennent à la course; la fouine et le furet, qui l'atteignent au fond de son terrier.

Toutefois, la propagation du lapin peut devenir comme un fléau dans les localités qui lui conviennent. Strabon rapporte que les habitants des îles Baléares, n'osant pas y mettre obstacle, par un scrupule religieux qui leur était commun, d'après César, avec ceux des îles Britanniques, furent réduits à supplier l'empereur Auguste de les sauver d'une ruine complète. Mieux avisés, les insulaires de Basilazzo s'en délivrèrent en se faisant assister seulement d'un bon nombre de chats.

Cette reproduction doit donc être maintenue dans certaines limites, car il ne faut pas que les récoltes soient détruites ni les bois compromis; mais ce serait une méthode tout aussi désastreuse que d'exterminer par une guerre à outrance une espèce qui nous est doublement utile par sa chair et par sa dépouille.

On élève le lapin dans une garenne ou dans un clapier. La garenne est un enclos où il peut vivre dans un état presque sauvage; le sol doit en être incliné vers le soleil et tapissé de plantes aromatiques. Le clapier est un local qui lui est réservé dans nos basses-cours, et qu'il importe surtout de bien distribuer. Le premier mode, éloignant peu le lapin de ses habitudes naturelles, lui conserve aussi toutes ses propriétés. Mais le second les lui fait perdre, ou du moins les modifie profondément ; car, placé désormais sous la main de l'homme, le lapin n'a plus à s'inquiéter ni de sa nourriture, ni de la sûreté de ses petits ; il ne songe plus à se préparer un asile dont il n'a pas besoin ; il ne sait plus courir, sa marche même est difficile ; et, comme si ses oreilles n'avaient plus de fonctions à remplir, il les laisse indolemment étendues sur le dos ; ses ongles si forts grattent à peine la paille ou le gazon, et à mesure qu'il devient gros et gras, il prend sa captivité en patience et presque en affection. Sa chair enfin n'a plus la même saveur, à moins qu'on n'ait l'attention de mêler à ses aliments du thym, de la marjolaine ou du serpolet. Mais le goût en est fade et le fumet rebutant, quand l'animal est nourri de choux.

Originaire de l'Afrique peut-être, mais assurément des pays chauds, le lapin, du temps de Pline, n'était connu en Europe que dans la Grèce et dans la péninsule Hispanique, où il abonde encore aujourd'hui. Bientôt après, il passa d'abord en Italie et en France, puis successivement dans presque toutes les parties du globe, et jusqu'en Amérique. L'usage de sa chair fut frappé d'interdiction par la loi de Moïse et par celle de Mahomet, sans qu'on puisse réellement en assigner le motif ;. car elle est blanche, tendre et saine. Cependant la principale richesse du lapin réside dans sa fourrure, qui, généralement grise et quelquefois noire ou blanche, est d'un grand produit pour le commerce et pour l'industrie. Elle forme notamment la matière première des chapeaux. Et c'est ici le lieu de regretter que la France, autrefois si riche sous se rapport, soit forcée de voir aujourd'hui ses fabriques de Paris et de Lyon tributaires de l'étranger pour des sommes considérables. Le lapin d'Angora est presque toujours blanc ; sa chair n'est pas très-agréable, mais sa fourrure soyeuse et ondoyante est, de toutes, la plus belle et la plus recherchée.

LE RAT.

Le genre rat est très-nombreux en espèces. Quelques-unes, depuis longtemps attachées à l'homme, sont pour ainsi dire devenues domestiques ; d'autres habitent les champs, et n'y sont pas moins nuisibles pour les récoltes, que ne le sont, pour les denrées et pour les étoffes, celles qui vivent en parasites dans nos maisons. Il importe surtout de connaître le *rat commun* et la *souris*.

Ces deux variétés offrent de si légères différences que, dans une étude qui ne doit pas être trop scientifique, on peut ne pas les séparer. Sans doute, le rat est plus gros, plus fort, plus vorace, plus courageux ; sans doute la souris est d'une nuance grise plus agréable, sa robe est plus douce, sa taille plus svelte, ses mouvements plus vifs et plus gracieux ; mais leurs mœurs sont à peu près les mêmes. Ils sont essentiellement rongeurs, et boivent fort peu. Quoique nocturnes, ils ne s'engourdissent pas dans les hivers les plus rigoureux ; leur température propre reste même très-élevée. Le jour, ils se tiennent cachés d'ordinaire dans les greniers, dans les caves, derrière les boiseries, au fond des trous qu'ils creusent à travers les poutres et les murs. Le soir, ils en sortent pour parcourir les autres parties de la maison, et leurs dégâts se portent de préférence sur les grains, la farine, le pain, le lard, la laine, le linge, les meubles ; le rat seul attaque quelquefois les pigeons, les poulets et les lapereaux. Leur fécondité serait vraiment menaçante, s'ils n'avaient pour ennemis l'homme et le chat. Cependant ils pullulent parfois en si grande proportion qu'ils affameraient bien vite un pays, si la faim ne les poussait eux-mêmes à s'entre-dévorer. L'histoire rappelle, par exemple, que les insulaires de Gyaros et les habitants d'Abdéra furent mis en fuite par une invasion de rats; aujourd'hui encore, pour en débarrasser un vaisseau, on n'a souvent d'autre moyen que l'immersion. Du reste, on les apprivoise facilement, et pour preuve ici nous pourrions citer l'infortuné Latude, oubliant sa longue captivité au milieu d'une famille de rats, et madame de Montespan se consolant de ses peines avec ses six petites souris blanches attelées à un carrosse en filigrane.

Originaires des climats tempérés, le rat et la souris ont été répandus par le commerce maritime dans toutes les contrées du globe, et ils y abondent d'autant plus que le pays est plus fertile et plus riche. Aussi, dès les temps les plus anciens, l'Egypte en fut-elle infestée, et les animaux qui leur faisaient la chasse furent-ils placés sous la sauvegarde des lois civiles et religieuses.

A Rome, le rat était regardé comme prophétique. Un seul de ses cris suffisait pour rompre et annuler les auspices, et il n'en fallut pas davantage à Fabius Maximus pour abdiquer la dictature, et à Caïus Flaminius, général de la cavalerie, pour se démettre de sa charge. Mais, sous les empereurs, il contribuait, pour sa part, aux divertissements publics ; Héliogabale en fit même combattre dix mille dans le cirque destiné aux gladiateurs.

Parmi les souvenirs historiques auxquels se lie le nom du rat et de la souris, nous citerons la victoire de Séthon sur les Assyriens, qui ne purent se défendre, parce que des rats avaient mangé les cordes de leurs arcs ; le siége de Casilinum par Annibal, où la disette fut si forte qu'un rat se vendit six cents francs ; le siége d'Arras, où un soldat français sut corriger, par un heureux à-propos, l'inscription injurieuse de Maximilien ; l'usage autrefois adopté par les habitants de la Virginie, qui portaient, en forme de boucles d'oreilles, de petites souris blanches parfumées ; le fameux plaidoyer de Chasseneux, dont le président de Thou parle avec éloge, et qui fut prononcé en faveur des rats accusés de ravager les environs d'Autun.

XIII. OISEAUX.

Le caractère propre des oiseaux est de produire leurs petits sous forme d'œufs, et d'avoir des plumes pour vestiture.

Nous devons à cette classe l'oie, le canard, le dindon, la poule, le pigeon et le paon, qui, du nom même de leur domicile, sont appelés *oiseaux de basse-cour*.

L'OIE.

L'oie, dont le mâle se nomme *jars* et les petits *oisons*, est le premier des oiseaux de basse-cour. Si d'autres, en effet, se recommandent par une chair plus savoureuse, par une plus grande fécondité, l'oie fournit à son tour une nourriture plus abondante, une dépouille plus estimée.

Elle est d'une taille avantageuse ; quelquefois même elle a du cygne toute la prestance et presque tout l'éclat ; sa couleur, généralement cendrée, devient blanche vers les flancs et sombre vers le dos ; sa marche est pesante et comme embarrassée, car ses pattes palmées sont plus propres à s'appuyer sur l'eau que sur le sol. Souvent elle jette une clameur bruyante et prolongée ; mais, quand elle est tranquille, elle murmure des accents plus brefs, et c'est par une sorte de sifflement très-sourd que se manifeste sa colère ou sa frayeur.

Quoiqu'elle aime mieux pâturer que barboter, cependant il lui faut toujours un petit réservoir où elle puisse à loisir nager, se rafraîchir et plonger. Elle accepte avec plaisir l'orge, le maïs et les herbages ; mais elle est friande de vers et d'insectes, et doit être éloignée des vignes et des jardins, car elle est avide et dévastatrice. Elle craint le froid et le brouillard ; elle aime à voir dans tous les temps son coucher propre et sec, pour être à l'abri de la vermine ; et dans son humeur impérieuse, elle veut dominer sur les poules et les dindons, qu'elle maltraite quelquefois.

Son sommeil est léger ; sa vigilance, parfaitement secondée par la portée de sa vue et la finesse de son ouïe, n'est jamais en défaut ; et le naturaliste s'explique d'autant moins le proverbe qui cite l'oie comme symbole de la stupidité, qu'elle ne manque certes pas d'instinct, et qu'elle est susceptible d'attachement. Coureuse et vagabonde, elle n'oublie jamais le chemin du logis ; et lorsque des compagnes encore sauvages viennent s'abattre près d'elle dans les prairies, elle songe bien moins à les suivre qu'à les retenir, préférant ainsi les assurances paisibles de la vie domestique aux chances aventureuses de la liberté.

Sa vie dépasserait vingt années ; mais d'ordinaire, on tue les oisons après quelques mois, et comme il en coûterait trop de les nourrir toujours de grains, on leur fait bientôt contracter l'habitude de se rendre en troupes dans les pâturages et sur le bord des étangs, et puis de revenir le soir sans conducteur. A mesure qu'ils prennent de l'embonpoint, leur foie grossit de plus en plus; et pour qu'il ait à la fois un volume extraordinaire et un goût succulent, on soumet ces malheureux volatiles à un régime atroce, qui a pour résultat de les étouffer pour ainsi dire dans leur graisse.

La chair et la graisse de l'oie servent aux mêmes usages que celles du porc : dans la plus grande partie de la France, dans le midi surtout, chaque famille en fait sa provision; la classe pauvre y trouve une ressource précieuse, et l'opulence elle-même, un assaisonnement très-délicat.

Mais le plus riche produit de l'oie, c'est sa plume, qui, douce et fine, est douée d'une rare élasticité. On l'en dépouille trois fois dans l'année, parce que, sans cette précaution, lors de sa mue, elle irait semant son duvet dans les champs. On ne touche pas aux pennes, qui tombent d'elles-mêmes, lorsqu'elles ont atteint leur complet développement. Ces pennes constituent les plumes à écrire; seulement, comme elles contiennent une substance grasse qui les rend ternes et molles, et qui ne permettrait guère à l'encre de les mouiller, on les rend nettes et sèches en tenant les tuyaux enfoncés quelque temps dans du sable chauffé. Les ailes, garnies de toutes leurs plumes, forment des plumeaux ; le luxe et la mollesse se réservent son duvet, pour en former des coussins ou des vêtements à la fois mous, chauds et légers.

Naturellement voyageuse et cosmopolite, l'oie se soumet sans peine à la domesticité ; aussi est-elle répandue, et depuis longtemps, dans presque toutes les parties du globe. Mais nous devons spécialement distinguer la variété magnifique qu'on élève dans quelques départements du bassin de la Garonne.

L'oie fut très-recherchée en Egypte, où sa chair était regardée comme un des meilleurs mets. L'épisode fabuleux de Philémon et Baucis prouverait aussi que déjà, dès la haute antiquité, elle se trouvait à l'état domestique dans la Grèce, alors même que nous n'aurions pas à rappeler encore l'oie de Lacydes, qui, en retour de son dévouement, reçut de ce philosophe des obsèques tellement somptueuses, que chacun se demanda si le disciple d'Arcésilas avait perdu son père ou son fils. Enfin, on sait le rôle tutélaire que l'histoire romaine lui prête dans la défense du Capitole, et par suite avec quelle pompe, chaque année, les censeurs allaient au temple de Janus chercher une des oies sacrées, pour la présenter processionnellement à la vénération du peuple. Mais, à l'époque des empereurs surtout, l'oie n'eut plus d'autre culte que celui des gastronomes, qui l'engraissaient avec des figues pour qu'elle fût plus parfumée. Tous les ans, la Gaule en envoyait à Rome des troupes considérables, qui cheminaient en caravanes. César, qui l'avait rendue populaire en Italie, rapporte que les Bretons juraient sur l'oie, quand il pénétra dans leur île. Aujourd'hui, elle a perdu chez tous les peuples la plupart de ces priviléges ; mais partout on la considère comme une des richesses du fermier.

LE CANARD.

Plus petit que l'oie, le canard n'en diffère essentiellement que parce qu'il est plus aquatique. Sa marche est plus disgracieuse encore, car ses pattes, plus spécialement propres à la nage, sont plus divergentes et plus palmées ; comme aussi son bec est plus plat et plus dentelé, disposition avantageuse qui lui permet, en tamisant la vase ou le sable, de retenir le moindre vermisseau. Dans sa livrée, que nuancent les plus vives couleurs, on distingue surtout le reflet d'émeraude qui brille sur sa tête, et qu'un collier d'un blanc de neige détache si bien du beau velours pourpré de sa poitrine et de ses flancs.

Le canard demande peu de soins et se fait sans peine à tous les climats, pourvu qu'on mette à sa disposition un étang ou une mare, car l'eau lui est aussi nécessaire que les aliments. Il vit de tout ce qu'il rencontre; mais il préfère une nourriture animale, et n'en prend, du reste, d'aucune sorte, si elle n'est un peu humide. Il mange sans cesse, saisissant avec une extrême habileté les chenilles, les limaces, les araignées, les jeunes poissons et les crapauds. Il est même si vorace qu'il s'étouffe quelquefois en voulant avaler, tout d'un trait, une grenouille.

Quoiqu'il revienne de l'état domestique à l'état sauvage plus facilement peut-être qu'il ne passe de l'état sauvage à l'état domestique, il ne songe guère cependant à quitter la ferme quand il y trouve, chaque jour, un supplément à sa pêche, qui jamais ne lui suffit. Mais il s'éloigne quelquefois du logis, et tombe ainsi sous la dent du renard, qui est, avec la fouine, son plus redoutable ennemi.

La cane donne des œufs meilleurs que ceux de poule pour la pâtisserie, et propres à leur être associés encore en omelette ; mais ces œufs ont l'inconvénient de ne pouvoir être mangés à la mouillette, parce que, par l'action de la chaleur, la double enveloppe qui recouvre le jaune prend une consistance solide. A l'époque de la ponte, la cane doit être surveillée de très-près ou même confinée dans la basse-cour, car, reprenant alors pour ainsi dire son caractère naturel, elle cherche à pondre au loin dans des retraites ignorées. Quelquefois, après avoir disparu durant six semaines, on la voit revenir, orgueilleuse mère, amenant avec elle sa nombreuse couvée. Le plus souvent, comme elle est mauvaise couveuse, on lui enlève ses œufs pour les confier aux soins d'une poule, qui est plus douce, plus familière, plus assidue.

A peine nés et couverts d'un duvet jaune, les canetons, n'écoutant que leur instinct, courent droit à la mare, s'y précipitent et s'y jouent, tandis que leur mère adoptive, retenue au rivage par un instinct contraire, s'agite avec effroi, les ailes ouvertes et les plumes hérissées, jetant des cris qu'ils ne comprennent pas. Désormais, en effet, ils peuvent pourvoir seuls à leur subsistance. On les engraisse à la manière des oies, et on les tue dans l'année.

Resté en général à l'état sauvage, le canard

se trouve temporairement ou à demeure dans toutes les contrées du globe. Les Chinois surtout sont ingénieux pour les élever. Les Anglais y attachent aussi beaucoup d'importance. Le canard de la Chine est remarquable par la richesse de ses couleurs et le magnifique panache vert et pourpre qui orne sa tête. Le canard de la Caroline aussi est recherché pour l'éclat de son plumage et le goût exquis de sa chair. Cependant le canard commun est, sans contredit, l'espèce la plus profitable et, par conséquent, celle que préfère le fermier. Sa chair, plus fine et plus délicate que celle de l'oie, paraît avec plus d'honneur sur nos tables. Son foie gras surtout, ignoré des Lucullus de la Grèce et de Rome, mais aujourd'hui très-estimé des gourmets, forme une branche de commerce fort importante pour quelques-unes de nos villes. L'empereur Paul Ier accorda grâce, dit-on, à un Polonais qui, malgré les distances, trouvait le moyen de lui envoyer de Toulouse, chaque semaine, un pâté de foies de canard parfaitement conservé.

Sa plume, moins élastique que celle de l'oie, est aussi d'une moindre valeur, quoiqu'elle serve cependant aux mêmes emplois.

Mais, parmi les différentes espèces de canards

sauvages, se trouve l'eider, qui fournit le plus doux, le plus léger, le plus chaud et le plus élastique de tous les duvets : l'édredon. L'eider se nourrit de poissons et de coquillages. Il habite les rochers suspendus au-dessus des mers arctiques, et ne quitte pas les régions boréales, qui, privées de toute culture, s'en dédommagent en partie par ce riche produit, si recherché surtout des Chinois. Le duvet du mâle est blanc, mais moins estimé que celui de la femelle, qui est d'un brun rougeâtre, et qu'elle s'arrache elle-même pour en couvrir ses œufs durant son absence. L'eider fréquente les côtes de l'Islande, de la Norwége, de la Laponie, du Spitzberg, du Kamtschatka, du Groënland et du Canada ; il vient quelquefois s'égarer jusque sur celles de l'Ecosse.

LE DINDON.

Le Dindon se distingue des autres oiseaux de basse-cour par des caractères individuels. Son bec est robuste et recourbé ; ses pattes sont longues, ainsi que son cou ; sa taille cependant ne manque pas d'élégance. La belle couleur pourpre de sa cravate et de ses caroncules varie seule l'uniformité de son plumage noir ou blanc. Son port, il est vrai, paraît humble et son regard craintif, et jusque dans le cri qu'il répète sans cesse, il semble regretter encore ses immenses forêts canadiennes, où il se montre, en effet, avec tant de splendeur. Mais, quoique chétif et presque attristé dans notre Europe, il ne mérite aucunement l'épithète de stupide, car il est, au contraire, très-vif; et dès qu'il est impressionné, il change bien vite de maintien, relevant avec fierté sa tête et disposant sa queue en éventail. Il a d'ailleurs tout l'instinct nécessaire à sa conservation et à celle de sa famille. La dinde surtout, intelligente pour nourrir et diriger ses poussins, est, pour les défendre, impétueuse et déterminée. Sa ponte est nombreuse, et ses œufs sont préférés à ceux de poule pour les gâteaux. Mais on les lui laisse en général ; car elle est naturellement si bonne couveuse, que lorsqu'on les lui enlève, il faut, pour la satisfaire, lui en substituer au moins le simulacre.

Le dindonneau demande beaucoup de soins dans les premiers moments de sa vie. Pendant deux mois même, il a besoin de trouver sous les ailes de sa mère une chaleur égale à celle qu'il recevait dans sa coquille. Il exige beaucoup d'air jusque dans le juchoir ; le soleil ardent lui est presque aussi fatal que la pluie. Comme son éducation serait trop coûteuse, s'il n'était nourri

que de grains, on le fait conduire en troupe
dans les bois et dans les champs, d'où il revient
toujours le gésier rempli de glands, de faînes,
de limaces, de vers, de sauterelles. Pour l'engraisser, on le retient captif, et on lui prépare
plusieurs fois par jour de la farine d'orge et de
maïs.

La chair du dindon est ferme, abondante et
savoureuse. Celle de la dinde est encore plus estimée, et c'est elle qui, parfumée de truffes, a
la suprématie dans les solennités gastronomi-
ques. Leur plume est trop dure pour être employée dans les arts.

Originaire de l'Amérique, où son plumage est
toujours noir, où sa vie dure dix années, le
dindon est encore resté sauvage dans cette partie considérable de la terre qui s'étend des rives
du Saint-Laurent à celles de l'Amazone. Apporté
en France sous le règne de François Ier, il parut
pour la première fois sur la table royale aux
noces de Charles IX, en 1570. Vingt ans après,
il était si répandu qu'on le servait déjà dans les
festins champêtres. Il forme aujourd'hui, parmi
les oiseaux domestiques, une des peuplades les
plus nombreuses et en même temps les plus
utiles.

LA POULE.

La Poule, par son extrême fécondité, par l'excellence de ses œufs et la délicatesse de sa chair, forme, chez tous les peuples civilisés, la principale richesse des basses-cours. Elle ne demande à l'homme, pour ainsi dire, qu'un abri contre le renard et les oiseaux de proie, n'ayant en effet ni des ailes assez puissantes pour fuir, ni des armes convenables pour se défendre. Elle est, du reste, si facile à nourrir qu'avec elle rien n'est perdu. Ses ongles grattent sans cesse le sol et le fumier pour y chercher des grains ou des vermisseaux, et son bec se darde avec tant de vitesse que l'insecte ailé lui-même ne peut l'éviter. Elle a pour les mûres et les cerises une préférence marquée; mais elle s'accommode de toute sorte d'aliments, et sa force digestive est un des faits les plus curieux de la physiologie. Quand elle boit, elle emplit son bec d'une certaine quantité d'eau et lève la tête pour l'avaler.

Son plumage est simple et de couleur variée, sa voix est une espèce de caquetage continuel, son allure est vive et pétulante. Quoiqu'elle s'associe sans peine aux autres gallinacés, elle ne tolère pas volontiers leur présence dans le poulailler, qu'elle veut propre et aéré. Elle est enfin faible et craintive.

Mais les devoirs maternels viennent bientôt modifier complètement son caractère. Admirablement assidue auprès de ses œufs, elle ne les quitte qu'à regret pour prendre un peu de nourriture ; et, lorsque ses poussins sont éclos, sa sollicitude, se distribuant aux moindres soins, ne s'occupe plus que de leur bien-être. Son regard alors est si pénétrant et si mobile, qu'elle aperçoit à la fois au sein de la terre le petit ver qu'elle leur abandonne, et dans le haut de l'air l'oiseau rapace qu'elle ne redoute plus que pour eux ; car, intrépide par tendresse, elle se précipite au devant du danger, et parfois cette audace inattendue déconcerte l'épervier. Mais aussi, qu'elle est heureuse, lorsque les tenant recueillis sous ses ailes, elle les entend piauler d'aise et de joie, qu'elle les sent se jouer sous cette arche douce et chaude, qu'elle les voit passer leur petite tête entre ses pennes et regarder ainsi au dehors comme par une croisée !

La poule est si bonne couveuse qu'on lui confie souvent des œufs étrangers ; mais elle en produit elle-même en si grande abondance qu'on a dû songer à un mode de couvaison artificielle. Les Egyptiens, dès la plus haute antiquité, eurent le secret de construire des fours où ils faisaient éclore à la fois cinquante mille poulets. A ce secret perdu, l'Europe a substitué plus tard, particulièrement depuis Réaumur, d'autres moyens d'incubation, mais ces procédés sont trop coûteux pour être employés dans l'économie domestique, à moins que, selon l'ingénieuse application qui en est faite à Chaudes-Aigues, on n'utilise ici les eaux thermales.

La chair de tous les individus de cette famille, surtout de ceux qui, sous le nom de poularde et de chapon, sont spécialement destinés à être engraissés, est un aliment sain, léger, agréable, réparateur. C'est un mets qui, pour être succulent, n'a pas besoin de l'art de nos Apicius, quoiqu'il s'y prête merveilleusement. Les œufs surtout sont préparés de mille façons, et la consommation en est prodigieuse; car personne aujourd'hui ne partage les scrupules de Pythagore, qui croyait, ainsi que ses disciples, devoir s'en abstenir.

Aujourd'hui, la poule se trouve presque partout à l'état domestique, et presque nulle part à l'état sauvage. On croit qu'elle est originaire des Indes-Orientales, où son plumage est plus beau, sans que sa chair y soit meilleure. Les Déliens, les premiers, eurent l'idée de l'engraisser ; et cette fureur devint telle à Rome, que ce fut un des principaux abus frappés par les lois somptuaires.

Sa plume est l'édredon du laboureur et de l'ouvrier ; mais les plumassiers, qui la trouvent trop molle, n'emploient guère que celle du coq.

Le coq, plus grand et plus orné que la poule, se distingue aussi par la fierté de son regard et la noblesse de son port. Son bec est épais et robuste ; ses pattes portent de longs éperons. Sa tête est surmontée d'une crête charnue, rouge et festonnée que remplace quelquefois une aigrette élégante et touffue, tandis que de sa queue verticale, formée de grandes plumes recourbées, s'élèvent deux pennes plus grandes encore qui dominent les douze autres, et, comme elles, se recourbent gracieusement. Le coq est soigneux de sa parure. Il chante la nuit comme le jour ; aussi les Sybarites le bannirent-ils de leur ville, afin de n'être pas troublés dans leur sommeil. Longtemps il fut dans les cités, comme il l'est encore dans les campagnes, l'horloge du matin ; et c'est à ce titre seulement que la loi musulmane permet au meunier d'avoir un coq, tandis qu'elle lui défend d'élever d'autres oiseaux de basse-cour, de peur qu'il ne les nourrisse du grain même qu'il est chargé de mettre en farine.

La mythologie l'adopta pour le symbole de la vigilance; le blason, pour emblème de la valeur; et la Gaule antique le porta sur ses enseignes, comme la France naguère sur son drapeau.

On ne peut méconnaitre que, par son caractère, le coq ne semble personnifier l'idée de *vaincre ou mourir;* car il ne souffre jamais de rival, et l'empire est toujours pour lui le prix de la victoire. Aussi le dresse-t-on facilement pour les combats, et ces joûtes sanglantes, auxquelles Pergame, Athènes et Rome applaudirent tour à tour, furent un des passe-temps de la vieille Angleterre, et font encore, de nos jours, les délices des Chinois. De tels faits sont affligeants, sans doute, et doivent se retirer enfin devant les progrès de la civilisation.

Le coq nous rappelle la faiblesse de saint Pierre, qui lui fut si affectueusement pardonnée; la parole dernière de Socrate, qui semble remercier Esculape d'être guéri d'une vie qu'on lui avait faite si amère; la bravade de Zennequin, qui fut noblement châtiée par la victoire de Cassel. Le poulet reporte notre souvenir sur l'épigramme burlesque de Diogène contre l'homme de Platon; sur le rôle prophétique des oiseaux sacrés que Rome consultait avec tant de foi. La poule, enfin, ne nous permet pas d'ou-

blier combien Henri IV désirait que fût amélioré, sous son règne, le régime alimentaire
des classes pauvres.

LE PIGEON.

Le Pigeon, plus petit que la poule, est, comme
elle, très-répandu ; mais une grande partie de
l'espèce est restée à l'état sauvage, et l'autre
elle-même se distingue en pigeons de colombier, qui ne sont que demi-domestiques, et en
pigeons de volière, qui sont à l'état complet de
domesticité. Toutefois, le pigeon de colombier
n'est pas moins fidèle que celui de volière au
toit qui l'a vu naître ; car c'est là que sont aussi
pour lui ses habitudes et ses affections, et si, le
jour, cédant à son instinct aventureux, il s'en
éloigne jusqu'à des distances considérables, il
revient cependant, chaque soir, y reprendre sa
place accoutumée.

Le pigeon est d'un gris bleuâtre, nuancé, sous
le cou, d'un beau vert doré. Il est propre, inof-
fensif et timide ; il se nourrit de grains, fait une
sorte de sieste vers midi, et ne peut supporter
la faim plus de vingt-quatre heures. Quand il
boit, il ne relève pas la tête comme les autres
oiseaux à chaque gorgée, mais seulement à la
dernière. Sa voix peu sonore se nomme rou-

coulement; sa vie dure environ quinze années.
Il passe généralement pour le modèle et l'emblème de l'union de famille; il est, en effet, le plus aimant de tous les oiseaux. Par ses mœurs douces et affectueuses, il offre, à celui qui le soigne, un agréable délassement; mais il lui est en même temps d'un très-bon rapport, car sa chair est nutritive, légère et délicate.

Quoiqu'il s'effraye du moindre bruit, il se familiarise sans peine, et nous devons ici surtout nous rappeler les deux pigeons de Latude, qui partageaient si bien sa captivité, lorsqu'ils lui furent ravis si cruellement.

Son vol facile et soutenu le met bien vite à l'abri des oiseaux de proie; et, sous ce rapport, le pigeon est encore devenu fort utile, car le télégraphe seul est un messager plus rapide. Encore le télégraphe ne peut-il transmettre que des signes, tandis que le pigeon porte lui-même des autographes avec une sûreté souvent mise à profit non-seulement dans les temps modernes, mais encore à des époques fort anciennes, par exemple, au siége de Modène que bloquait Marc-Antoine.

En 1575, la ville de Leyde ayant dû son salut à ce genre d'estafettes, le prince d'Orange décida que les pigeons qui en avaient rempli l'office seraient nourris aux frais de l'Etat dans une volière d'honneur, et qu'après leur mort, on les embaumerait pour les conserver à l'hôtel de ville, en témoignage perpétuel de reconnaissance.

La colombe n'est, pour ainsi dire, qu'une variété du pigeon, dont elle se distingue par la blancheur complète de son plumage, par sa forme plus svelte, son allure moins vive, son regard plus doux. La colombe nous rappelle d'abord l'heureux message qu'elle remplit auprès de Noé sur le mont Ararat ; mais signalons surtout ses deux priviléges historiques : elle servit de modeste offrande lors de la présentation de l'Enfant Jésus au temple de Jérusalem, et elle est le symbole mystique du Saint-Esprit.

LE PAON.

Le Paon est le plus beau des oiseaux par la majesté de sa taille, l'élégance de ses formes et la splendeur de sa livrée. Tandis qu'il agite gracieusement au-dessus de sa tête une aigrette légère nuancée d'émeraude et d'or, il étale avec orgueil les riches couvertures de sa queue sur lesquelles, par des accidents de lumière que détermine le moindre mouvement, tous les reflets métalliques se montrent et disparaissent tour à tour. Rien ne manquerait donc à ce pompeux gallinacé, si sa voix était plus douce, sa patte plus fine, ses tarses plus corrects.

Une sorte de sympathie semble le lier au dindon, avec lequel il a du reste les plus grands rapports de conformation, d'habitudes et d'instinct. Il peut supporter les froids les plus rigoureux, quoiqu'il préfère les climats chauds. Il vole assez bien et se plaît sur les lieux élevés, comme s'il craignait de souiller au contact du sol sa magnifique parure. Sa vie est de vingt-cinq à trente ans; la femelle est plus petite et beaucoup moins ornée.

L'Inde est la patrie du paon, qui s'y trouve encore à l'état sauvage. L'Amérique ne le présente, comme l'Europe, qu'à l'état domestique. Il est très-commun dans la Chine. A l'époque de Périclès, il était presque inconnu dans la Grèce, où il fut dédié à Junon. Transporté par Alexandre des bords de l'Indus à Babylone, il passa successivement dans la Perse, dans l'Asie Mineure et à Rome. L'orateur Hortensius, l'émule de Cicéron, le fit servir le premier dans un festin, et ce nouveau mets devint bientôt à la mode. Cependant l'époque la plus célèbre pour le paon fut celle de la féodalité. C'était en effet dans la préparation de ce noble oiseau que se signalait le savoir-faire du maître-queux. L'adroit cuisinier, au lieu de le plumer, l'écorchait avec soin et le faisait rôtir ainsi, après avoir enveloppé son aigrette de bandelettes qu'il imbibait d'eau sans cesse, afin de la préserver de l'action du feu. Quand le paon était cuit, il le revêtait de sa peau, déployait l'éventail de sa queue, découvrait son brillant diadème, lui dorait les pattes et le plaçait sur la table dans un plat d'argent. La personne la plus qualifiée avait seule le privilége de le dépecer; elle devait prendre ses mesures de telle sorte qu'il y eût autant de parts que de convives. Souvent, dans l'enthousiasme de la fête, un chevalier prenait les plus téméraires engagements; mais alors les plus difficiles promesses devaient être exécutées, car de tous les vœux, celui du *paon* était le plus solennel et le plus authentique.

Aujourd'hui la chair du paon, qui, selon les vieux romanciers, était la nourriture des preux, est tout simplement dure et sèche, et le paon n'entre dans les basses-cours que comme ornement; aussi est-il généralement assez rare. Ses plumes sont employées dans les arts. Une des variétés du paon domestique a le plumage tout-à-fait blanc.

———

Quelque intéressants que soient le rossignol,

la fauvette et tous les autres petits artistes du bocage, nous ne pouvons en parler ici que pour signaler les immenses services que nous rendent ces échenilleurs plus habiles et plus alertes que nous pour détruire les larves et les insectes. Si, trop longtemps méconnus, ils furent abandonnés à l'impitoyable convoitise des enfants, cet abus va cesser, car la loi française les prend aujourd'hui sous sa sauvegarde.

XIV. REPTILES.

Les *reptiles* se distinguent essentiellement des autres animaux ovipares, par leur tégument écailleux. Leur respiration est volontaire, c'est-à-dire qu'ils peuvent la rendre, à leur gré, plus rapide ou plus lente. Leur température est, par conséquent, variable. L'insertion latérale de leurs pattes rend difficile leur progression sur le sol, car en général ils rampent plutôt qu'ils ne marchent. Ils mangent peu, supportent longtemps la privation de toute nourriture, et passent la froide saison dans un état complet d'engourdissement. Ils habitent principalement les contrées chaudes et humides.

L'industrie profite peu de leur dépouille, si l'on excepte toutefois les tortues, qui se recommandent, les unes par la délicatesse de leur chair, les autres par la beauté de leur écaille. L'écaille fut de tout temps un article de luxe. Cette matière cornée, translucide et jaspée de différentes nuances, provient des plaques qui constituent le test de la tortue, mais surtout d'une espèce de tortue marine appelée *Caret*. L'écaille a sur la corne le triple avantage de pouvoir être coupée dans tous les sens, polie et soudée; elle se ramollit à l'eau chaude comme de la pâte, prend alors toutes les formes et les conserve par le refroidissement. Les tortues des mers équatoriales ont quelquefois des dimensions telles, que leur carapace, c'est-à-dire la partie supérieure de leur test, peut servir de pirogue, de baignoire, de toiture. La ville de Pau conserve avec affection le test de tortue qui servit de berceau à Henri IV.

Ne disons qu'un mot du lézard gris de nos murailles, pour le défendre contre ceux qui méconnaissent son utilité. Ce petit reptile, en détruisant un grand nombre d'insectes, protége nos vergers et nos champs, et nous dédommage ainsi largement des minimes dégradations qu'il commet pour se loger.

Quant au serpent, disons seulement qu'il a le triste privilége de rappeler, à la première ligne de l'histoire, la désobéissance de l'homme et son châtiment.

XV. POISSONS.

Le *poisson* a pour caractère distinctif, parmi les vertébrés ovipares, de respirer par des *branchies,* sorte de poumons qui ne lui permettent pas de vivre hors de l'eau. Sa température est variable; il est muet et ne boit pas.

Les espèces en sont très-nombreuses et très-variées, mais beaucoup moins connues que celles des animaux terrestres, car la plupart des poissons habitent un milieu qui n'est guère accessible à nos observations.

Leur vie est longue et tenace. Ainsi le requin, l'anguille, survivent longtemps à une blessure mortelle; la sole, la sardine, souvent à demi cuites, bondissent encore. Il en est qui vivent des siècles : tel fut, entre autres, le brochet de l'empereur Frédéric II, qui, placé par ce prince dans l'étang de Lautern, en 1230, y fut pêché en 1497.

Les poissons se mangent entre eux. Leur fécondité est véritablement prodigieuse : on a trouvé plusieurs millions d'œufs dans une seule morue.

Leur équilibre dans l'eau est d'autant plus facile qu'ils n'ont presque que la densité de ce liquide; leur mode de progression se nomme

nage et s'opère principalement par les mouvements de la queue, les nageoires ayant plutôt
pour fonction de maintenir le corps dans sa
position naturelle. En général, ils sont pourvus
d'un appareil spécial pour augmenter leur volume et devenir plus légers, en aspirant et re-
tenant une certaine quantité d'air. Ils peuvent
ainsi s'élever dans l'eau très-facilement, et pour
descendre il leur suffit, en chassant cet air, de
reprendre leur volume primitif, car leur corps
est un peu plus pesant que l'eau.

Les uns ne quittent pas l'eau salée, les autres
l'eau douce; quelques-uns remontent les fleuves
et les rivières.

Le poisson d'eau douce peut être apprivoisé.
Ainsi le célèbre orateur Hortensius élevait des
murènes qui distinguaient sa voix; et au temps
de Charles IX, il y avait dans le bassin du Louvre des carpes qui s'approchaient dès qu'elles
étaient appelées. Cependant, il faut le reconnaitre, les organes des sens sont peu développés
dans les poissons, et leur éducation, toujours
lente et difficile, n'offre pas un grand intérêt.

L'action de prendre le poisson se nomme *pêche*.
La pêche se fait principalement *à la ligne* ou *aux
filets*. La ligne est une cordelette à l'extrémité de
laquelle on attache un dard crochu d'acier ou

de fer appelé *hameçon*, auquel on fixe un ver ou un insecte vivant ; car le poisson ne mord point à un appât privé de vie. Les filets sont une espèce de réseau formé de ficelle ou de corde, dont on proportionne les mailles au calibre et à la force du poisson.

C'est ainsi que, chaque année, il sort des fleuves, des rivières, des étangs, une masse considérable de poissons, qui vont porter au loin, dans les cités et dans les campagnes, l'abondance et la variété. Mais l'Océan surtout est pour nous comme un immense vivier où sont nourries sans frais d'innombrables peuplades de poissons.

L'industrie, sans doute, n'emploie guère encore que l'huile et la peau de quelques-uns d'entre eux, ainsi que la graisse de l'esturgeon, appelée *colle de poisson*, et la substance nacrée de l'ablette. Mais l'économie culinaire utilise depuis longtemps la chair des poissons, qui, du reste, est moins nutritive que la viande. Toutefois signalons ici un fait étrange. On laisse mourir le poisson, au lieu de le tuer. Il en résulte d'abord un acte cruel, car le poisson souffre ainsi de sa longue agonie, quoique sa douleur soit muette. Et puis la chair s'en altère sous un double rapport : elle perd une partie notable de sa saveur et tend à se décomposer plus vite.

Les Egyptiens ne mangeaient aucun de ceux qui n'ont pas d'écailles; la loi de Moïse portait une semblable prohibition. Dans la Grèce, l'usage en était général et répandu. A Rome, durant la période républicaine, on regardait comme efféminés ceux qui mangeaient du poisson; mais, sous les empereurs, ce mets devint l'objet d'une vogue frénétique et d'un luxe ridicule. L'histoire rougit de rappeler le turbot de Domitius, porté au sénat pour que ce corps eût à délibérer gravement sur une simple question d'office; l'esturgeon de Sévère, arrivant sur la table impériale, entouré de plus d'honneurs militaires que n'en avait reçu Scipion lui-même après la victoire de Zama; les murènes de Vidius Pollion, nourries de la chair des esclaves que ce patricien condamnait à ce supplice atroce d'une manière si frivole, que l'empereur Auguste, son convive, en fut indigné. Mais autrefois les villes assez voisines du littoral pouvaient seules profiter du poisson de mer; l'art de le conserver en le salant ne fut, en effet, découvert que dans le XVe siècle par Guillaume Beuckels. Ce n'est que depuis cette époque, et surtout au carême, que l'habitant du plus petit village méditerrané a vu le commerce apporter jusqu'à lui le hareng, par exemple, et la morue, qui vivent parmi les baleines (1) du Nord. Enfin, la pêche est aujourd'hui la plus grande ressource alimentaire de tous les peuples, après l'exploitation du sol et l'éducation des animaux domestiques.

Nous ne devons pas essayer ici de résoudre l'énigme historique du *poisson d'avril*; remarquons seulement que les poissons ont reçu trois places dans le ciel, où ils forment notamment une des constellations zodiacales, et qu'ils furent souvent employés dans l'art héraldique, qui commit l'erreur d'y comprendre le *dauphin* (2).

XVI. INSECTES.

Les *insectes* forment la première classe du type des Articulés. Scientifiquement, on les nomme *Hexapodes* (six pattes), parce que leur caractère distinctif est, en effet, d'avoir trois paires de pattes. Dépourvus de squelette intérieur, ils ont le corps divisé en trois parties bien distinctes : la tête, qui porte la bouche, les yeux et les antennes ; le thorax, qui soutient une ou deux paires d'ailes et porte les

(1) La baleine n'est pas un poisson, quoiqu'elle vive dans l'eau ; elle appartient à la classe des mammifères.

(2) Le dauphin est, comme la baleine, un animal mammifère.

trois paires de pattes ; l'abdomen , qui est composé de segments dont le nombre ne dépasse jamais dix. Ils respirent par des organes spéciaux nommés *trachées*. Ils ne parviennent, d'ordinaire, à leur entier développement qu'en passant par une série de modifications appelées *métamorphoses*. Leurs proportions sont en général très-petites. A cette classe, de toutes la plus étendue, la plus variée et peut-être la plus intéressante, appartiennent l'*abeille* et le *bombyx à soie*.

L'ABEILLE.

L'abeille, improprement appelée mouche à miel, car elle diffère essentiellement de la *mouche*, est un insecte fort remarquable par son industrie, mais surtout fort précieux par ses produits.

Son corps est assez gros et velu. Sa lèvre se prolonge en une trompe déliée qui sort d'une gaine écailleuse et qu'elle plonge dans le calice des fleurs. Son corselet, quoique mince, prête un solide point d'appui à ses quatre ailes et à ses six pattes. Son abdomen, formé d'anneaux élastiques, est très-renflé. La délicatesse de son odorat la dédommage de la faiblesse des organes de la vue et du goût. Le toucher, qui est pour elle un des sens les plus importants, réside dans les antennes. L'odorat est le sens qui prédomine, ainsi que l'ouïe.

Elle vit en société, ou plutôt elle se constitue en une famille nombreuse et policée qui porte, ainsi que l'habitation qu'elle se construit elle-même, le nom de *ruche*. La ruche se compose de quelques mâles appelés aussi *faux bourdons*, et de vingt-cinq à trente mille femelles, parmi lesquelles une seule doit produire des œufs. Cette femelle privilégiée a reçu le titre de *reine*, parce qu'elle domine en effet d'une manière absolue et sans partage. Mais la déférence obséquieuse de toute la ruche pour elle, n'est réellement qu'une sorte de respect filial; car la reine est seule la mère abeille. Les autres femelles sont nommées ouvrières, parce qu'elles sont exclusivement chargées de tous les travaux. Mais chacune a pour fonction spéciale d'être mellifère, cirière, artiste ou nourrice; et toutes ces fonctions sont si bien distribuées et si bien remplies, que la ruche est un modèle de travail, d'ordre, d'art et d'économie.

La reine produit des milliers d'œufs et les dépose, chacun, dans une des alvéoles confiées à la surveillance des nourrices. Deux ou trois jours après, il en sort un petit ver blanc, sans

pattes, qui, nourri avec une admirable sollicitude, tapisse bientôt de soie son alvéole, passe
à l'état de nymphe el devient abeille au bout de
deux semaines. A sa naissance, la jeune abeille
est entourée d'ouvrières qui essuient ses ailes,
qui lui infusent une liqueur exquise, qui la
soignent enfin et qui la guident, tandis que
d'autres nettoient la cellule pour faire place au
nouvel œuf que la reine doit encore y déposer.

Quand la ruche trop nombreuse veut se
fractionner en essaims, ce qui arrive deux ou
trois fois dans l'année, ou bien quand elle a eu
le malheur de perdre sa reine, l'inquiétude est
grande sans doute, mais il n'y a pas confusion.
Une femelle est aussitôt choisie parmi celles
qui viennent de naître; et des soins assidus,
une alimentation toute particulière, en favori-
sant son complet développement, l'élèvent ainsi
à la dignité de reine.

Des *apiculteurs* sont dans l'usage de faire voya-
ger les ruches elles-mêmes, quand la saison des
fleurs est passée dans leurs cantons ou n'est
pas encore venue. Cette méthode était mise en
pratique chez les Egyptiens, qui formaient ainsi
des convois considérables. Les riverains du Pô
embarquent leurs ruches sur ce fleuve, et dans
les Alpes c'est ainsi que s'obtient l'excellent miel

du Mont-Blanc. Du reste, l'abeille ne craint pas de parcourir seule plusieurs lieues pour aller chercher les plantes qui lui conviennent.

La reine et les ouvrières ont une arme dont le mâle est privé : c'est un aiguillon acéré, dont elles se servent pour l'attaque et pour la défense ; souvent même elles le laissent dans la plaie. Cet aiguillon inocule une liqueur irritante, vénéneuse, qui ne serait pas sans danger si les piqûres étaient nombreuses.

La vie de ces insectes est d'environ sept ans. Il en périt beaucoup chaque année : les uns, de mort naturelle ; les autres, victimes de leurs nombreux ennemis, tels que le mulot, le renard, l'araignée, la guêpe surtout et certaines chenilles.

Admise à l'état domestique dès les temps les plus reculés, l'abeille se trouve cependant encore à l'état sauvage dans quelques contrées même de l'Europe. La mythologie l'honora comme nourrice de Jupiter, le blason la choisit pour symbole du travail et de l'obéissance. Elle est désormais pour l'agronome une des ressources les plus importantes, par la production de la cire et du miel.

Le miel est une substance visqueuse et sucrée que l'abeille fait suinter des anneaux de son abdomen. Il est en général jaune ou blanc. On préfère le blanc, surtout lorsqu'il est grenu et comme transparent. Le miel fit les délices de l'antiquité. Pline le nomme *nectar des dieux*, Virgile l'appelle *présent du ciel*. Les Pères de l'Eglise le citent aussi avec prédilection dans leur style métaphorique. Il était la nourriture habituelle de Pythagore. Celui du mont Hymette fut pour la Grèce et pour les peuples anciens ce qu'est aujourd'hui, non-seulement pour la France, mais encore pour tout le globe, celui de Narbonne, si délicat, si aromatique et si blanc.

Le miel tenait encore lieu de sucre au moyen-âge. Maintenant il paraît fort peu sur nos tables; il sert à édulcorer les tisanes, et à fabriquer le pain d'épice et l'hydromel.

La cire est une substance compacte, aromatique, presque insipide et d'une nuance plus ou moins jaune, que l'abeille élabore et pétrit avec ses pattes postérieures. Après la cire de Smyrne, qui est la plus estimée, mais assez rare, se place celle des Grandes-Landes, entre Bayonne et Bordeaux.

La cire brute, c'est-à-dire jaunâtre, sert à frotter les parquets, à lustrer les meubles, à faire l'encaustique. Quand on veut en fabriquer des bougies, des cierges, des figures, on la blanchit en la coupant sous l'eau en rubans qu'on expose ensuite sur le pré.

L'art de modeler la cire était pratiqué chez les peuples anciens, mais principalement dans la Grèce et à Rome. On connaît même une des singulières manies d'Héliogabale, qui se plaisait à donner des repas où il faisait servir, imités en cire, tous les mets qu'il mangeait lui-même en nature. Après chaque service, les convives étaient obligés, selon l'usage, de se laver les mains, et on leur présentait ensuite un verre d'eau pour faciliter la digestion. Ces convives, du reste gens de basse condition, payaient souvent plus cher l'honneur de diner à la table impériale; car le prince les forçait d'autres fois à manger des pois mêlés de grains d'or, des lentilles avec de jolies petites pierres de même couleur, du riz avec des perles fines.

Au moyen-âge, la cire jouait un rôle spécial dans le sortilége qui consistait à *envoûter* la personne de son ennemi.

L'emploi le plus utile des imitations en cire s'applique aujourd'hui aux représentations anatomiques, dont l'exactitude est si parfaite, qu'il n'y a, pour ainsi dire, que le tact et l'odorat qui puissent corriger l'illusion des yeux. Il faut aussi mentionner, comme merveille en ce genre, ces fleurs artificielles qui semblent avoir pris à la nature la légèreté de leurs feuilles et de leurs pétales, la délicatesse de leurs contours, la flexibilité de leur tige, le velouté de leurs nuances, enfin toute leur physionomie végétale et presque toute leur fraîcheur.

La cire est surtout d'une importance essentielle dans l'éclairage, et l'on sait que le nom de *bougie* fut donné à la chandelle de cire, parce qu'à l'époque de cette invention, c'était la ville de *Bougie* qui faisait un grand commerce de cette substance. La chandelle dans laquelle une petite quantité de cire seulement est unie au blanc de baleine ou à une préparation spéciale de suif, reçoit aussi le nom de bougie. Des expériences faites avec soin prouvent que la bougie de cire diffère peu de celle de blanc de baleine, qui ne lui est préférée que pour son éclat et sa translucidité. La bougie tirée du suif vaut les deux autres pour l'usage, mais elle est d'un aspect moins agréable.

LE BOMBYX A SOIE.

Cet insecte, improprement appelé *ver à soie*, n'est pas moins admirable par son riche produit que par les nombreuses métamorphoses qui l'amènent à l'état de papillon. La durée entière de son existence ne comprend guère que deux mois. Dès que la chaleur printanière développe les feuilles du mûrier, dont il se nourrit exclusivement, il sort d'un petit œuf sous forme de larve ou chenille, mange alors avec une voracité prodigieuse, et change plusieurs fois de peau ; puis, à peine âgé de vingt-huit jours, il s'enferme dans un précieux cocon qu'il se file avec adresse, et s'y change en nymphe ou chrysalide. Vingt jours après, devenu papillon, il quitte sa demeure où il laisse sa double dépouille de larve et de nymphe, et meurt enfin au bout de huit ou dix jours, qu'il passe sans essayer ses ailes brillantes et écailleuses, sans prendre même de nourriture, et uniquement occupé de ses devoirs de famille.

L'éducation du bombyx est difficile et délicate ; l'établissement qui y est consacré se nomme *magnanerie*.

Comme il importe que les œufs éclosent simultanément, et à l'époque où le mûrier se charge de feuilles, on en retarde le moment en tenant les œufs dans un lieu frais ; ensuite, quand on veut les faire éclore, il suffit de les placer dans une température convenable. La magnanerie doit être vaste et propre ; il faut y maintenir surtout un air sain et une température uniforme. La jeune chenille à sa naissance doit trouver, pour se nourrir, des feuilles fraiches sans être humides ; et, quand l'époque est venue, des rameaux secs pour y suspendre son cocon. Mais on ne laisse arriyer à l'état complet de papillon que quelques chrysalides destinées à donner de nouveaux œufs ; tous les autres cocons sont jetés dans de l'eau bouillante, où l'on fait périr l'insecte avant qu'il n'opère sa sortie.

Cette industrie est plus parfaite en France que dans aucune autre partie de l'Europe. Elle peut même s'étendre à la plupart de nos départements ; car la difficulté d'élever le bombyx, au nord des contrées dans lesquelles cette éducation a été limitée jusqu'ici, ne tient pas à l'extension de la culture du mûrier, qui préfère sans doute les climats doux et tempérés, mais qui résiste fort bien à nos plus grands froids. La difficulté réside essentiellement dans les variations trop brusques de l'atmosphère que subissent les régions septentrionales, et qui sont pour l'insecte le plus terrible des fléaux. Du reste, le magnanier intelligent a soin de planter différentes sortes de mûriers, et de varier aussi les procédés de culture : ainsi, avec les mûriers à haute tige, qui ont l'avantage de prendre

moins de terrain, il cultive des mûriers en taillis, parce qu'ils donnent des feuilles plus faciles à cueillir, plus abondantes, plus précoces et de meilleure qualité; il plante aussi le mûrier multicaule, dont les branches sont si minces qu'à la Chine sa récolte se fait avec la faux, et dont la feuille est encore tendre, lorsque le soleil d'été a rendu trop dure pour la jeune chenille celle des autres mûriers.

La soie est une substance animale, filamenteuse, éclatante, élastique. Elle est assez tenace, quoique cependant d'une ténuité telle qu'elle échappe presque à la vue de l'ouvrier dévideur des cocons formés, chacun, d'un seul fil continu qui, par suite de sa ténuité même, est d'une longueur extraordinaire. Elle porte dans le commerce différents noms, d'après les divers degrés de préparation auxquels elle est parvenue. Mais il y a réellement deux espèces principales de soie, l'une blanche, l'autre jaune, qui sont données par deux variétés de bombyx. La soie jaune peut être blanchie par le *décreusage;* mais cette opération, qui consiste à la décolorer, altère plus ou moins la force du fil, et donne un blanc moins durable que celui de la soie naturellement blanche. Aussi la préférence est-elle acquise au bombyx *sina,* dont tous les cocons sont d'un blanc d'argent et qui produit la plus belle soie de Chine. Il n'est connu en France, ou plutôt bien distingué, que depuis 50 ans; mais on commence à le substituer partout au bombyx à soie jaune; nous citerons surtout, à cet égard, les magnaneries importantes des environs de Paris, celles de Honfleur et d'Alais.

Originaire de la Chine, cet insecte fut ignoré des Anciens, qui supposaient que la soie était le produit d'une espèce d'araignée, ou bien d'un arbre, comme le coton. Durant les cinq premiers siècles de l'ère chrétienne, la soie était encore hors de prix; et l'histoire rapporte, notamment, que l'empereur Aurélien dut refuser à l'impératrice son épouse une robe de soie, par la raison que l'étoffe en était trop chère. A l'époque de Justinien, le bombyx fut transporté de l'Inde à Constantinople par des missionnaires grecs, qui en cachèrent les œufs dans des cannes creusées tout exprès, et qui firent connaître à l'Europe la manière d'obtenir et d'employer la soie. Des manufactures s'élevèrent bientôt dans la Grèce, d'où Roger, roi de Sicile, à son retour de la Palestine, ramena des ouvriers pour les deux établissements qu'il fonda, l'un à Palerme, l'autre en Calabre. Cette industrie passa successivement dans le Piémont, en

Espagne et en France ; mais Jacques Ier, roi d'Angleterre, fit d'inutiles efforts pour décider la culture du mûrier dans son royaume. Louis XI, en 1470, établit à Tours nos premières manufactures de soieries ; cependant ces tissus ne devinrent moins rares que longtemps après, car Henri II, le premier, porta des bas de soie. C'est à Sully que la France doit plus spécialement cette branche de commerce, qui tient aujourd'hui tant de place dans la production nationale. Lyon devint alors le centre de la fabrication des soieries, et dut à l'ingénieux mécanisme de Jacquart la supériorité qu'elle conserve encore au milieu des concurrences toujours plus actives des nations étrangères. En effet, la révocation de l'édit de Nantes chassa des Cévennes des familles nombreuses qui allèrent porter ailleurs cette industrie. Zurich, la Saxe et la Russie ont vu naître leurs fabriques ; l'Autriche a doublé les siennes, ainsi que la Prusse et l'Angleterre. Heureusement Lyon et Nîmes s'ouvrent des voies nouvelles, celles des étoffes mélangées, soie et coton, soie et laine ; et comme ici encore c'est le goût, c'est le dessin qui donne au tissu le plus de prix, on peut espérer que, dans ce genre nouveau, nous conserverons la prépondérance ; car ce sont particulièrement des étoffes unies que fabrique l'étranger.

L'ARAIGNÉE.

L'araignée appartient à la deuxième classe du type des Articulés. C'est la classe des arachnides ou mieux des octopodes (à huit pattes). Elle n'a pas de cou comme les insectes, car sa tête se soude et se confond avec la poitrine. Elle n'a pas, comme eux, des ailes et des antennes, mais elle est munie d'un plus grand nombre de pattes, avec le privilége même de pouvoir les reproduire quand elles sont coupées. Elle a huit petits yeux qui sont immobiles, et toutefois distribués de telle sorte qu'elle voit dans toutes les directions. Elle est solitaire, farouche et carnassière. Son aspect est repoussant ; mais, quand on observe avec soin ses habitudes, ses ruses, son industrie, on s'élève alors pour elle jusqu'à l'admiration. La femelle est beaucoup plus volumineuse que le mâle. Elle entoure ses œufs d'une soie très-blanche, et prodigue longtemps ses soins à ses petits. La durée de leur vie est de deux ou trois ans.

L'araignée sécrète une liqueur gluante, qui prend au contact de l'air une consistance filamenteuse. Elle en fabrique son réseau, qu'elle tend dans les appartements négligés, et qui, tissé comme la toile, en a reçu le nom.

Le fil ordinaire dont elle fait usage est d'une excessive ténuité; cependant il résulte de la réunion de plusieurs fils primitifs qu'elle tord et qu'elle entrelace, parce qu'elle trouve, dans cette multiplicité même, le double avantage d'augmenter d'abord la solidité du fil définitif, et puis de se donner un point d'appui plus étendu. Cette espèce de petit cordon résiste, en effet, beaucoup mieux que ne le pourrait un seul fil attaché sur un seul point. Du reste, elle fait la chaine et la trame avec des fils de nature différente, liés ensemble par leur viscosité. Au centre, elle se prépare un tube cylindrique, sorte de cachette avec deux ouvertures, l'une en dessus, l'autre en dessous, d'où rayonnent des fils conducteurs qui lui transmettent les moindres oscillations causées par les insectes pris au piége. C'est là qu'elle se tient constamment à l'affût. Dès qu'une moucheron, par exemple, s'est embarrassé dans sa toile, elle accourt promptement, s'empare de sa proie et l'entraine au fond de sa cellule, afin de l'y sucer plus librement; ou bien, si elle est pressée de courir sur un autre point, elle enlace de fil le captif et l'enchaine. Elle n'attaque jamais un insecte

mort ; ni même vivant, s'il ne remue pas : le
mouvement seul étant pour elle le signe manifeste de la vie. Elle distingue fort bien auss
l'ébranlement produit par un ennemi ou par le
vent. Le vent l'inquiète peu, car d'ordinaire elle
en est à l'abri ; d'ailleurs sa toile, assez serrée
pour refuser passage au plus petit insecte, es
toutefois perviable à l'air. Mais si, au contraire
il s'agit d'un péril réel et pressant, elle s'enfui
bien vite par l'issue inférieure de sa loge, et au
besoin elle se précipite et se laisse tomber, er
ménageant sa chute au moyen d'un petit cor
dage qu'elle file aussitôt.

Elle est très-propre, par instinct et par né
cessité. Elle a grand soin de secouer la poussièr
qui rendrait sa toile visible, et de rejeter a
loin les petits cadavres dont la présence ren
drait suspecte sa demeure. Pour se porter di
rectement à un point dont elle est isolée, ell
confie à l'air un fil très-délié qui flotte au gr
du vent jusqu'à l'objet éloigné auquel il s'atta
che, et c'est ce fil imperceptible qui lui sert d
trajet. Quand sa toile, qui n'est pas perméabl
à l'eau, se trouve déchirée par la pluie ou pa
tout autre accident, elle y fait avec art un
reprise, et peut même la renouveler en entier
mais ces sécrétions l'épuisent enfin, et, dans s

vieillesse, elle est réduite à s'emparer d'une toile qu'une autre plus jeune a tissée.

Des savants ont cherché à utiliser cette soie ; on en a fait même des gants et des bas. Mais l'industrie ne peut guère tirer parti de cette matière, pour plusieurs raisons. Le principal obstacle vient de ce que cette soie ne pouvant être dévidée, doit être mise en œuvre au fur et à mesure qu'elle est filée par l'araignée. Ajoutons que, pour produire un kilogramme de soie, il faudrait cent mille araignées femelles.

Quant aux filaments légers que le vulgaire appelle fil de la Vierge, ce sont les débris du nuage soyeux que se filent, à la fin de l'automne, certaines araignées. Dans cette espèce d'aérostat que le moindre vent soulève, l'animal va produire ainsi ses petits loin des regards et du danger. Le nombre des œufs pour chaque araignée est de sept à huit cents ; et, s'il y a relativement peu de ces octopodes, c'est surtout parce qu'ils se mangent entre eux.

Le dévouement de l'araignée pour ses petits pourrait, dit le savant Bonnet, servir de leçon à plus d'une mère. Enfin l'araignée est susceptible d'attachement, comme le prouve l'épisode de Pellisson à la Bastille, et plusieurs faits tendent à établir que la musique douce et mélo-

dieuse la captive singulièrement. Les Anciens
voyaient en elle Arachné, punie ainsi par
Minerve de son chef-d'œuvre et de sa vanité. Ce
fut une araignée aquatique qui donna l'idée
des bateaux sous-marins à l'américain Fulton,
inventeur du bateau à vapeur.

L'araignée agreste se recommande par son
utilité : elle est le meilleur préservatif de la
Pyrale, cette larve si funeste aux vignobles de
la Champagne que, par suite du mode de culture, l'*oïdium* n'attaque pas.

L'araignée domestique ne présente pour
l'homme aucun danger. Il en est d'autres, cependant, qui sont armées de crochets venimeux
dont elles se servent pour paralyser instantanément leur proie. Quant à la Tarentule, espèce
d'araignée des environs de Tarente, on a fausse-
ment attribué à sa morsure ces crises nerveuses sur lesquelles le charlatanisme s'est beaucoup exercé. Enfin, sur les bords du Gange
notamment, il est une araignée gigantesque
d'un noir bordé de rouge, qui se nourrit de
petits oiseaux. Sa toile, très-résistante et d'un
jaune brillant, est fixée aux branches des arbres ou aux tiges des bambous et occupe une
surface circulaire de plus d'un mètre de rayon.

L'HUITRE.

Dans le type des Mollusques, nous n'avons à citer ici que l'Huître, qui appartient à la classe des Acéphales (sans tête). Privée, du moins en apparence, de la vue, de l'ouïe et de l'odorat, recluse entre deux valves aussi dures que sa chair est molle, obligée d'attendre enfin sa chétive subsistance, l'huître n'offre au regard distrait qu'une existence problématique. Mais aux yeux du naturaliste, elle jouit en réalité, dans sa demeure inexpugnable, de facultés qui intéressent et qui étonnent. Car n'est-il pas surprenant, par exemple, qu'un être si flasque soit doué toutefois d'une puissance musculaire telle que l'homme seul, aidé d'un instrument, puisse ouvrir de force sa coquille?

La jeune huître, attachée d'abord à l'écaille de sa mère, ne s'en sépare que dès qu'elle a pris assez de consistance, et alors doucement portée par les flots sur un rocher, elle s'y fixe elle-même pour ne plus le quitter. On l'en arrache au moyen de la drague, sorte de grande pelle en fer, garnie d'une poche et recourbée. Cette pêche ne se fait nulle part aussi abondamment que près de Cancale, entre ce bourg, le mont Saint-Michel et Granville. Toutefois le rendement s'en affaiblit depuis quelque temps, et ce banc célèbre demande à être renouvelé.

L'huître craint le froid. Elle a beaucoup d'ennemis, entre autres l'*hermelle*, espèce d'Annelide qui perce sa coquille, et le *crabe*, espèce de Crustacé qui cherche à s'y glisser. Pour se défendre du crabe, elle pousse sur lui avec force une certaine quantité d'eau qu'elle tient en réserve ; pour se sauver de l'hermelle, elle augmente l'épaisseur de sa coquille sur le point qui est menacé.

Il n'y a qu'une seule espèce d'huître comestible. C'est l'huître *édule* des auteurs ; toutes les différences qu'on peut constater dans cette huître ne proviennent que de son âge ou de son habitacle. Ainsi l'hypopus n'est que l'âge avancé de l'huître qui, plus jeune, est si agréable et si fine.

L'huître vit dix ans. Jusqu'à trois, elle est comestible dans toutes les saisons ; mais, dès sa quatrième année, elle cesse de l'être, du mois d'avril au mois de septembre. Quand elle est gâtée, elle dégage de l'acide sulfhydrique en proportion suffisante pour empoisonner.

De jour en jour l'huître comestible diminue, tandis que la consommation s'en accroît d'autant plus que les voies ferrées rapprochent du

littoral les villes les plus distantes. La science
et l'industrie se sont occupées de cette question.
On a établi des fermes-modèles d'ostréoculture,
c'est-à-dire pour la production artificielle des
huîtres? Telle est celle de la baie de Saint-Brieuc,
qui est en plein rapport. Un premier essai vient
d'être fait aussi dans l'étang de Thau, près de
Cette. L'huître demande un certain degré de
salure. Si la proportion du sel dans l'eau est
de 3,70 pour 100, comme dans l'Océan Atlantique, dans la Manche, dans la Méditerranée et
la mer du Nord, l'huître prospère à merveille ;
elle peut s'accommoder d'une salure qui n'est
que 1,80, comme dans le Cattégat ; mais, si la
salure est en plus petite proportion, l'huître ne
réussit pas.

L'huître n'est savoureuse qu'après avoir re-
posé quelque temps dans un *parc*, sorte de réservoir d'eau salée mais limpide. C'est là seulement qu'on peut encore, avec des soins particuliers, la faire devenir verte. Par elle-même,
en effet, l'huître est blanche, et ne se colore
ainsi qu'en s'imprégnant, par le repos, des
bourgeons imperceptibles de différentes plantes
marines qui la rendent, dit-on, plus délicate.

C'est ainsi que le littoral de Marennes est admirablement propre à verdir les huîtres. Le

produit annuel de cette industrie spéciale y est considérable.

Redisons ici ce qui a été signalé, dans l'étude du cuivre. Il est des huîtres qui, accidentellement ou par fraude, sont verdies à l'aide de solutions de cuivre. Ces huîtres sont vénéneuses ; mais il est facile d'y constater la présence du cuivre, il suffit d'introduire une aiguille dans l'huître suspecte, après l'avoir inondée de vinaigre : le cuivre ne tarde pas à se déposer sur l'aiguille.

La célébrité des huîtres est fort ancienne. Aristote rapporte que, dans la Grèce, on les nourrissait pour les avoir plus grasses. Pline, Cicéron, Horace, en parlent avec un enthousiasme d'autant plus vrai, que l'orateur romain, surtout, en mangeait plusieurs centaines dans un repas. Le gastronome Sergius les parqua le premier, et Apicius inventa une méthode pour les conserver. Macrobe assure qu'on en servait chaque jour aux pontifes. La consommation qu'en faisait Vitellius était considérable. Les huîtres qu'on estimait le plus à Rome venaient d'Abydos, du lac Lucrin et de Brindes. Mais aujourd'hui la préférence est acquise à celles de Cancale, de Marennes, d'Ostende et d'Angleterre.

L'huître présente plusieurs variétés parmi lesquelles nous devons distinguer l'*avicule*, ou huître à perles, qu'on n'a pu parvenir encore à faire vivre dans les parcs. Toutes les avicules ne contiennent pas des perles, et quelquefois la même coquille en renferme plusieurs. Les perles ne sont, en effet, que des produits accidentels déterminés par la présence d'un corps étranger que l'huître isole d'elle, pour ainsi dire, en le recouvrant de la substance nacrée qu'elle sécrète. Dans la Chine, où cette remarque est depuis longtemps mise à profit, on pêche d'abord l'avicule, puis après avoir percé sa coquille pour y introduire un morceau de fil de fer, on la remet en place, pour la repêcher enfin, lorsque, blessée par ce fragment de métal, elle a déposé, tout autour, une suffisante quantité de nacre, qui durcit peu à peu et se fortifie par couches successives. On trouve rarement des perles dans les avicules qu'on choisit pour la table, et qui sont les plus belles. C'est à Ceylan surtout que se fait la pêche de cette huître. L'avicule est transportée dans un enclos où elle se corrompt en une dizaine de jours. On l'ouvre ensuite, on la lave et on livre les coquilles aux rogneurs qui en détachent les perles avec des tenailles. On crible aussi tous les résidus pour retrouver les petites perles qui pourraient être mêlées aux débris de coquilles ou à la substance même de l'huître.

Linnée dut ses lettres de noblesse, non à ses immenses travaux en botanique et en zoologie, mais au moyen qu'il découvrit de faire grossir les perles que produisent certaines moules de Suède.

Il y a plus de vingt siècles que la perle était déjà en Grèce la partie principale d'une belle parure. On sait quel rôle elle joua surtout dans le luxe désordonné des Romains, combien aussi elle fut estimée en France à différentes époques, et combien elle l'est encore en Orient. Les deux perles qui servaient de pendants d'oreilles à Cléopâtre avaient coûté plus de trois millions de notre monnaie ; aujourd'hui la plus grande perle que l'on connaisse en Europe est celle qui sert de bouton de chapeau au roi d'Espagne.

Mais au commencement du XVIIIe siècle, un Français nommé Jacquin inventa l'art de fabriquer des perles avec une substance nacrée qu'on retire d'un petit poisson de nos rivières, l'*ablette*. Dans le commerce, cette substance est appelée essence d'Orient. La perfection de ces perles artificielles, que Paris fournit à toute l'Europe, a diminué beaucoup le prix des perles naturelles.

Ajoutons que l'intérieur de la coquille est formé lui-même d'une substance dure, lisse, blanche, à reflets irisés et brillants, qui, ayant une grande épaisseur, constitue la *nacre* proprement dite. La nacre s'emploie dans la tabletterie, et sert à faire des manches de couteaux, de canifs, et un grand nombre de petits ouvrages fort jolis. Les ébénistes et les fabricants de pianos l'appliquent aussi comme ornement.

L'huître a donné son nom à l'ostracisme, jugement populaire où les votes étaient inscrits, en effet, sur des coquilles de ce mollusque ; et à ce propos, elle nous rappelle un trait admirable d'Aristide, au moment même où l'inique sentence allait le frapper de l'exil.

FIN.

NOTES EXPLICATIVES.

AARON (de 1574 à 1454 avant notre ère), frère aîné de Moïse, fut investi par lui des fonctions de grand-prêtre. Comme lui, et pour le même motif, il fut privé d'entrer dans la Terre-Promise. Il mourut sur le mont Horn, près de Cadès (Idumée).

ABLETTE (ou ABLE), petit poisson de l'ordre des Abdominaux. Elle se distingue du Goujon et de la Tanche, parce qu'elle n'a pas de barbillon. Sa chair est fade et peu estimée.

ABYDOS, aujourd'hui Nagara-Bouroun, ville d'Asie, sur le détroit des Dardanelles.

ALAMBIC, appareil pour opérer la distillation.

ALEXANDRE-LE-GRAND (de 356 à 323 avant notre ère), fils de Philippe, roi de Macédoine. Après avoir rapidement accompli d'immenses conquêtes, il mourut à peine âgé de 33 ans, mais trop tard pour sa gloire, que ternirent, en effet, les dernières années de sa vie. En mémoire des services que lui avait rendus son cheval de bataille, Bucéphale, il lui dédia une ville nouvelle, Bucéphalie, sur l'Hydaspe, en face de Nicée. Il ne faut pas confondre Nicée, dans l'Indostan, avec la célèbre Nicée, ville de Bithynie (aujourd'hui Isnik, à 70 kilomètres E. de Brousse). L'Hydaspe est aujourd'hui le Djelem, rivière indirectement tributaire de la rive gauche de l'Indus (Sind). Bucéphale, cheval de Thessalie, ne pouvait être monté, dit-on, que par Alexandre ; il avait coûté 13 talents (environ 70,000 fr.).

ALICANTE, ville et port de la Méditerranée, à 106 kilomètres S.-O. de Valence (Espagne) ; 25,200 habitants.

ALUMINE, oxyde d'aluminium, c'est-à-dire combinaison de ce métal avec l'oxygène.

AMBOINE, île hollandaise de l'archipel des Moluques, par 3° 40' de latitude N., 126° 30' de longitude E. Les Hollandais lui ont réservé le monopole de la culture du giroflier. Cette île suffit, du reste, à la consommation de toute l'Europe.

ANIMAL, être organisé d'une manière supérieure, c'est-à-dire doué d'organes sensoriaux et d'organes locomoteurs.

ANNIBAL (de 247 à 183 avant notre ère), général carthaginois, le plus grand capitaine peut-être de l'antiquité, mais assurément le plus digne d'estime. Il sut se maintenir durant plus de quinze années au cœur même de l'Italie, quoiqu'il ne reçût de Carthage que des secours insuffisants. Annibal fut réduit à s'empoisonner pour ne pas tomber vivant au pouvoir des Romains.

APICIUS, gastronome, contemporain d'Auguste et de Tibère; il s'empoisonna dans la crainte de n'avoir plus une fortune suffisante pour maintenir le luxe extravagant de sa cuisine.

ARCHIMÈDE (de 286 à 212 avant notre ère), célèbre géomètre et physicien, de Syracuse. La sience lui doit le principe hydrostatique : tout corps plongé dans un liquide y perd de son poids, le poids du liquide qu'il déplace. S'il déplace un litre d'eau, il perd un kilogramme de son poids.

ARISTIDE (de 547 à 469 avant notre ère), issu d'une des principales familles d'Athènes, reçut du peuple le surnom de Juste. Thémistocle, jaloux de ce grand citoyen, mais n'osant l'attaquer ouvertement, fit répandre le bruit qu'Aristide transformait son archontat (première magistrature de la république) en une sorte de royauté, parce qu'il attirait, pour les concilier, tous les plaideurs. On peut s'éton-

ner d'abord de voir incriminer ainsi les nobles fonctions
de juge-de-paix; mais, en réalité, c'était un grief très-
grave auprès de la dernière classe du peuple, qui retirait
des procès un salaire. L'insinuation produisit son effet :
Aristide fut exilé par l'ostracisme. Or au moment du vote,
un paysan, qui ne savait pas écrire et qui se trouvait à côté
d'Aristide, s'adressa précisément à lui pour faire inscrire
sur sa coquille le nom du citoyen dont il réclamait l'exil.
Aristide, en accédant stoïquement à sa demande, se contenta de lui dire : Avez-vous à vous plaindre d'Aristide? —
Non, répondit le paysan, je ne le connais même pas; mais
je suis las de l'entendre appeler Juste.

ARISTOTE, élève de Platon, précepteur d'Alexandre-le-
Grand, vécut de 384 à 322 avant notre ère. Surnommé le
prince des philosophes, il résume en lui seul, pour ainsi
dire, toute la science de l'antiquité.

AUSONE (de 310 à 264), poëte latin, né à Bordeaux,
fils d'un sénateur et précepteur de l'empereur Gratien, fut
élevé aux plus hautes dignités.

BAROMÈTRE, instrument qui mesure la pression atmosphérique, c'est-à-dire le poids de l'air qui enveloppe la
Terre. Cette pression varie sans cesse, mais dans des
limites fort restreintes. Le baromètre consiste en une colonne de mercure contenue dans un tube gradué. Ce tube
est de verre, c'est-à-dire transparent, afin de laisser voir
la hauteur du mercure qui doit contrebalancer toujours
par sa pression la pression de l'atmosphère. Par conséquent, la colonne mercurielle est plus ou moins longue,
selon que l'air pèse plus ou qu'il pèse moins.

BASILUZZO, une des îles Lipari, autrefois îles éoliennes.
C'est dans cet archipel de la mer tyrrhénienne que la
mythologie plaçait le séjour d'Éole et les forges de Vulcain.

Basoche, communauté des gens du Palais, érigée en 1303 par Philippe-le-Bel. Les basochiens élisaient un roi qui avait une cour, une armée, une monnaie, des armoiries. Henri III supprima le titre de roi de la basoche et en transmit au chancelier tous les droits et priviléges.

Basselin (de 1366 à 1418), poète populaire fort goûté dans le Val-de-Vire (Manche).

Beaumarchais (de 1732 à 1799), habile horloger, harpiste supérieur, financier tour à tour, à bonne et mauvaise fortune, mais surtout littérateur plein de verve et d'originalité. A l'époque de la Terreur, menacé de l'échafaud, après avoir été membre provisoire de la Commune de Paris, il parvint à s'échapper de l'Abbaye, et il errait dans la campagne n'espérant guère de trouver un asile, car la loi des suspects rendait fort périlleux tout acte d'hospitalité. Le proscrit dut son salut à la reconnaissance...... d'un âne. Cet âne appartenait à une blanchisseuse qui avait l'habitude de l'attacher à la grille du jardin de Beaumarchais, tandis qu'elle allait vaquer à ses affaires. Or, le poète prenait plaisir à donner, de sa main, du fourrage et même des friandises au pauvre animal qui l'en remerciait de son mieux et qui en était venu jusqu'à distinguer le moindre son de sa voix. Beaumarchais, égaré la nuit, au milieu des champs, va providentiellement frapper à la ferme de la blanchisseuse. L'âne reconnaît aussitôt le bienfaisant Parisien, et se débat de telle sorte que tous les gens de la maison sont réveillés, et Beaumarchais, que la blanchisseuse reconnaît à son tour, en reçoit le plus parfait accueil.

Biot (de 1783 à 1861), astronome et physicien de premier ordre. La science lui doit notamment le saccharimètre, instrument fondé sur ce fait que le pouvoir rotatoire de polarisation d'un sirop est proportionnel à la quantité de molécules actives (c'est-à-dire sucrées), que contient ce sirop.

Birmanie, état de l'Indo-Chine. Les Anglais se sont emparés de Rangoun, sa capitale, sur l'Iraouady.

Bonnet (de 1720 à 1793), naturaliste distingué de Genève.

Botanique. — Voyez *Phytologie*.

Brindes, aujourd'hui Brindisi, à 100 kilomètres N. O. d'Otrante. L'entrée de son port est complètement ensablée.

Bucéphale. — Voyez *Alexandre*.

Buffon (Leclerc, comte de), anobli par Louis XV (1707 à 1788). Son *Histoire Naturelle* des mammifères et des oiseaux est un monument scientifique à la fois et littéraire.

Calorique, force mystérieuse dont l'impression sur nos organes se nomme chaleur; il en résulte que, dans le langage, on emploie presque indifféremment ces deux mots, quoique, scientifiquement, l'un exprime la cause et l'autre exprime l'effet immédiat.

Campêche, dans la presqu'île du Yucatan, sur le St-François, par 19° 50' lat. N., 93° long. O.

Cancale, port sur la Manche, à 13 kilomètres E. de St-Malo (Ille-et-Vilaine).

Candy, ville de l'île de Ceylan, par 7° 23' de lat. N., 78° 15' de long. E.

Canova (de 1757 à 1822), illustre statuaire de Venise.

Capillarité, force qui fait que dans un tube étroit la surface d'un liquide n'est pas horizontale. Cette surface est concave ou bien convexe, c'est-à-dire se relève vers les bords ou bien, au contraire, s'y déprime, selon que le liquide mouille ou ne mouille pas les parois. Ainsi, dans un tube de verre, l'eau se relève vers les bords, tandis que le mercure s'y déprime, parce que l'eau mouille le verre et que le mercure, au contraire, ne le mouille pas.

CÉSAR (de 100 à 44 avant notre ère), célèbre général romain. Avec Crassus et Pompée, il forma le premier triumvirat, qui réunissait ainsi les trois plus grands éléments de force : l'opulence (Crassus), le pouvoir (Pompée), le génie (César). Resté seul par la mort de ses deux collègues, il se fit nommer dictateur perpétuel et tomba bientôt après, en plein Sénat, sous un poignard républicain.

CHALEUR. — Voyez *Calorique*.

CHARLES-QUINT, empereur d'Allemagne et roi d'Espagne (de 1500 à 1558). Atteint de précoces et violentes infirmités, il se retira dans un palais contigu au monastère de Saint-Just, en Estramadure (Espagne), où il mourut dignement.

CHIRAZ ou CHIRAS, ville de la Perse, par 29° 36' lat. N., 50° 17' long. E. Trois tremblements de terre (1813, 1824, 1853) l'ont détruite en grande partie.

CHLORE, élément gazeux, d'un jaune verdâtre, d'une odeur suffocante. Son action sur nos organes est délétère.

CHYPRE, île de la Turquie d'Asie géographiquement (et d'Europe administrativement), par 35° lat. N., 32° long. E.

CLÉLIE, d'une famille patricienne, avait été comprise, ainsi que la fille du consul Publicola et huit autres jeunes Romaines, parmi les otages que Rome, vivement assiégée par Porsenna, dut envoyer au camp de ce roi d'Etrurie. Ne se voyant séparée de sa patrie que par le Tibre, Clélie le traverse à la nage, suivie de ses compagnes, malgré les javelots que les Etrusques lançaient de toutes parts. Les fugitives furent ramenées à Porsenna, qui non-seulement leur rendit la liberté, mais encore offrit à Clélie un beau cheval richement harnaché.

CLÉOPATRE, reine d'Egypte, célèbre par sa beauté, son esprit et ses crimes (de 52 à 12 avant notre ère).

Colbert (de 1619 à 1683), un des plus grands ministres de Louis XIV. Il mit de l'ordre dans les finances de l'Etat, protégea et encouragea les sciences, les lettres et les arts. Fondateur de l'Académie des inscriptions et de l'Académie des sciences, il créa l'Académie d'architecture ainsi que l'Ecole de peinture de Rome et fit élever l'Observatoire.

Constance, ville d'Afrique, colonie anglaise, à 23 kilomètres E. du cap de Bonne-Espérance. Son vin rouge est désigné sous le nom de Grand-Constance, et son vin blanc, sous le nom de Petit-Constance.

Corinthe, sur l'isthme de ce nom (Morée). Elle avait autrefois un port sur les deux rivages opposés de l'isthme.

Couleurs prohibées.

Couleurs Blanches. — Pour reconnaître le carbonate de plomb qui, dans le commerce, est vendu sous les noms de blanc de plomb, de céruse, de blanc d'argent, on l'applique en couche mince, à l'aide d'un couteau, sur du papier épais auquel on met le feu. Le plomb à l'état métallique apparaît alors sous la forme de petits globules que l'on voit encore mieux lorsqu'on opère la combustion au-dessus d'une assiette de porcelaine. Ajoutons que le carbonate de plomb et les papiers lissés avec cette substance brunissent, quand on les touche avec de l'eau saturée d'acide sulfhydrique.

Couleurs Bleues. — L'oxyde de cuivre et le carbonate hydraté de cuivre (dits cendres bleues), donnent avec l'ammoniaque un liquide bleu.

L'outremer pur ne colore pas l'ammoniaque; mais il le colore, quand il est falsifié par le carbonate hydraté de cuivre, et cette teinte bleue est caractéristique d'un composé cuivreux.

Couleurs Jaunes. — L'oxyde de plomb, dit massicot, se

reconnaît de la même manière que la céruse. Le chromate de plomb (dit jaune de chrôme) brunit, quand on le traite par une solution saturée d'acide sulfhydrique. Il faut avoir soin d'agiter le liquide avec une baguette de verre. La *gomme gutte* délayée dans l'eau donne un lait jaune qui rougit par l'action de la potasse ou de l'ammoniaque ; jetée sur des charbons ardents, elle se ramollit, puis brûle avec flamme et laisse un résidu de charbon ou de cendre.

Couleurs Rouges. — Le sulfure de mercure (dit cinabre ou vermillon) jeté sur des charbons ardents brûle avec une flamme bleue pâle et produit l'odeur du soufre en combustion ; une pièce de cuivre rouge, nettoyée au grès, étant tenue au-dessus de la fumée ou vapeur blanche qui se dégage, est bientôt couverte d'une couche de mercure métallique, qui devient brillante par le frottement.

Le carmin mêlé de vermillon se comporte de la même manière.

L'oxyde de plomb (dit minium) se comporte comme le massicot et la céruse.

Couleurs Vertes. — L'arsenite de cuivre (dit vert de Schweinfurt, vert de Schéele, vert métis), mis dans un verre, en contact avec de l'ammoniaque (dit alcali volatil) s'y dissout et bleuit le liquide.

Quand on en projette une très-petite quantité sur des charbons ardents, il produit une fumée blanchâtre qui a une odeur d'ail très-prononcée. Il faut s'abstenir de respirer cette fumée.

Les papiers colorés avec ces substances sont décolorés par l'action de l'ammoniaque. Une goutte d'ammoniaque suffit pour blanchir le papier dans le point qu'elle touche ; elle prend ensuite, presque instantanément, la couleur bleue. Enfin, ces papiers, en brûlant, dégagent l'odeur d'ail, qui signale l'arsenic. Les cendres que laissent ces papiers ont une teinte rougeâtre et sont formées en grande partie de cuivre métallique.

On prépare aussi une couleur verte avec la gomme gutte et le bleu de Prusse ou l'indigo. On reconnaît la gomme gutte en traitant, par l'éther ou même l'alcool, la couleur verte réduite en poudre : la gomme gutte se dissout, en donnant au liquide une couleur jaune d'or; une partie de ce liquide, versée dans un peu d'eau, forme une émulsion jaune. Si l'on ajoute un peu de potasse ou d'ammoniaque à la dissolution alcoolique ou éthérée, on obtient une coloration rouge foncé ou orange.

FEUILLES DE CHRYSOCALE. — Ces feuilles se dissolvent facilement dans l'acide azotique (dit eau forte) étendu de son volume d'eau, et donnent une couleur bleue par l'addition d'un léger excès d'ammoniaque.

Arrêtons aussi notre attention sur les papiers servant à envelopper les substances alimentaires; car des accidents graves ont été causés par l'emploi des papiers peints et des feuilles artificielles dont se servent quelquefois les fruitiers, les charcutiers, les bouchers, les épiciers et autres marchands de comestibles pour envelopper les substances alimentaires qu'ils livrent à la consommation.

Les papiers les plus dangereux sont les papiers peints ou teints en vert ou en bleu clair; ils sont ordinairement colorés par des substances vénéneuses. Citons ensuite les papiers lissés blancs, oranges, jaunes et dorés faux; ils sont colorés par le chrysocale, alliage de cuivre et de zinc.

Ces divers papiers, mis en contact avec des comestibles mous et humides ou gras, peuvent leur communiquer une partie plus ou moins grande de leur matière colorante et déterminer ainsi des accidents plus ou moins graves.

Pour reconnaître la nature des substances qui colorent ces papiers, on doit consulter les renseignements que nous avons donnés pour les bonbons et sucreries. Il faut apporter aussi beaucoup de soin dans le choix des papiers qui enveloppent les bonbons. Les papiers lissés blancs ou colorés sont souvent préparés avec des substances minérales très-dangereuses. Ils ne doivent pas servir, même comme seconde enveloppe, car les sucreries qu'ils recouvrent pourraient, en s'humectant, adhérer au papier, et causer des accidents, si on les portait à la bouche (1).

DÉCREUSAGE, opération préparatoire de la soie, se compose de trois parties: le dégommage, la cuite et le blanchîment. Le dégommage a pour objet d'enlever l'espèce de gomme dont la soie se trouve naturellement recouverte; on l'effectue en plongeant la soie dans une eau de savon bouillante et très-forte. Après avoir tordu la soie et l'avoir mise dans des sacs, on procède à la cuite, c'est-à-dire on plonge la soie dans une eau de savon plus faible et qu'on fait bouillir. Enfin, le blanchîment consiste à la soumettre à l'action de l'acide sulfureux dans une chambre faite exprès, parfaitement close, où l'on brûle du soufre.

DAUBENTON (de 1716 à 1800), éminent anatomiste, fut le collaborateur de Buffon.

DÉSUINTAGE, opération préparatoire de la laine qui consiste à la dégager du suint, c'est-à-dire de la matière grasse produite par la transpiration de l'animal. On plonge d'abord la laine dans un bain tiède de savon et on lave ensuite

---

(1) Les limites de notre programme ne nous permettent pas de citer encore de sages prescriptions et de salutaires enseignements que, dans sa sollicitude pour l'hygiène publique, l'administration tend à vulgariser de plus en plus.

à grande eau. La laine perd ainsi plus de la moitié de son poids, surtout quand elle est fine. Après plusieurs désuintages successifs, elle est apte à recevoir la teinture. Mais, pour l'avoir d'un beau blanc, il faut la soumettre à l'action de l'acide sulfureux.

DIOGÈNE, philosophe grec (de 414 à 324 avant notre ère). Platon ayant défini l'homme un bipède sans plumes, Diogène jeta devant ce philosophe un coq déplumé, en s'écriant : Voilà l'homme de Platon.

DISTILLATION, opération qui consiste à séparer deux corps, dont l'un est volatil et l'autre ne l'est pas ou l'est moins. Quand l'un des corps est volatil et que l'autre est fixe, la séparation s'en effectue nettement; quand l'un des corps est seulement plus volatil que l'autre, il passe le premier à la distillation et, par conséquent, on parvient à l'isoler par des opérations successives

DONDIS (de 1298 à 1360) établit à Padoue la première horloge sonnante : cette horloge merveilleuse lui valut le surnom d'*Horologius*, qui finit par devenir le nom patronimique de sa famille. Les horloges portatives (montres) parurent sous Louis XI.

DUCTILITÉ, propriété de s'étirer à la filière.

ÉLECTRICITÉ, force mystérieuse qui détermine divers phénomènes qu'on appelle électriques, parce que les premières manifestations en furent remarquées dans l'ambre jaune (en grec Electròn).

ÉLECTRO-MAGNÉTISME, partie de la Physique qui s'occupe de l'action réciproque du magnétisme et de l'électricité. C'est par l'électro-aimant que s'obtiennent aujourd'hui, dans la science comme dans les arts, les effets les plus merveilleux de l'électricité. L'électro-aimant est un aimant aimanté par un courant électrique.

ÉLÉMENT, corps simple, qu'on ne peut point dédoubler en deux substances différentes. On compte aujourd'hui soixante-cinq éléments (15 métalloïdes et 50 métaux).

ENCAUSTIQUE, dissolution de cire dans l'eau de potasse (c'est comme une espèce de savon). Elle est composée, par litre d'eau, de 1 hectogramme de cire, 30 grammes de savon et un peu de potasse. On la fait fondre à chaud et on l'étend avec un pinceau sur les meubles, sur les parquets ou carreaux d'appartements, et, quand ce cirage est sec, on le frotte avec une brosse rude pour lui donner de l'éclat.

ESTEREL, chaîne de collines qui limite au nord la vallée de l'Argens (Var).

FALERNE, vignoble sur le versant nord des collines Massiques (mont Massico), près de Capoue. Le vin de Falerne était l'un des plus célèbres chez les Romains; il n'avait pour rival que le vin de Cécube (ville entre Terracine et Gaëte), qui était plus capiteux.

FERNAMBOUC ou Pernambouc, ville du Brésil, port très-commerçant sur l'Océan Atlantique, par 8° 19' lat. S., 37° 25' long. O.

FINIGUERRA (de 1420 à 1471), sculpteur et orfèvre de Florence, inventa la gravure sur cuivre.

FLUORHYDRIQUE (acide) composé de fluor et d'hydrogène. On n'est pas encore parvenu à isoler le fluor.

FONTAINEBLEAU, au milieu d'une magnifique forêt (Seine-et-Marne). Le plant célèbre, qui est une de ses richesses, eut pour origine un cep venu du Quercy, petit pays de la Guyenne, dont les chefs-lieux étaient Cahors, pour le Haut-Quercy, et Montauban, pour le Bas-Quercy.

FRÉDÉRIC II (de 1184 à 1250), 26° empereur d'Allemagne. Son règne fut très-agité. Ce prince, qui ne s'était décidé qu'avec peine à partir pour la croisade, acheta du sultan Mélédin la ville de Jérusalem. Il se fit roi de la Ville-Sainte, mais il fut forcé de se couronner lui-même, aucun prêtre n'ayant voulu bénir un front que l'Eglise avait frappé d'anathème.

Frontignan, à 49 kilomètres S.-O. de Montpellier; 1,850 habitants.

Fulminique (acide), composé de carbone et d'azote; il est très-explosif. Avec l'argent, il forme la matière détonnante des *bonbons chinois.*

Fusibilité, propriété de se liquéfier par la chaleur.

Galvanoplastie, art de déposer, par l'effet d'un courant électrique, une couche de métal sur un corps qu'on revêt ainsi d'or, d'argent ou de cuivre, en lui conservant toutes les délicatesses de sa forme. C'est ainsi que l'on bronze les monuments.

Gay-Lussac (de 1778 à 1850), chimiste et physicien de premier ordre, né à St-Léonard (Haute-Vienne). Ce fut en 1804 qu'il exécuta avec M. Biot d'abord, et puis seul, sa célèbre exploration de l'atmosphère jusqu'à une hauteur de plus de 7,000 mètres.

Gaz. — L'Oxygène est le corps comburant par excellence, c'est-à-dire qui brûle les autres corps. L'Hydrogène est le corps combustible par excellence, c'est-à-dire le corps qui est brûlé avec le plus d'énergie par l'oxygène. L'Azote n'est ni comburant ni combustible; mais il est un élément, un corps simple. L'Acide Carbonique n'est ni comburant ni combustible; mais il n'est pas un élément, car il est composé du corps comburant (oxygène) et d'un corps combustible (carbone). Le signe représentatif de l'Oxygène est la lettre O; de l'Hydrogène, la lettre H; de l'Azote, les deux lettres Az; de l'Acide Carbonique, les lettres C. O.

Golconde, à 2 kilomètres O. d'Héiderabad (Inde anglaise), par 17° 18' lat. N., 76° 15' long. E., a beaucoup perdu de son ancienne splendeur.

Gyaros, une des Cyclades (aujourd'hui Ghyoura) était, pour les Romains, un lieu de déportation.

Hymette (mont), à 11 kilomètres S.-E. d'Athènes, était célèbre pour son excellent miel et pour son marbre statuaire ; aujourd'hui Mavro-Vouni.

Institut (de France), ensemble des cinq Académies : académie Française, académie des Inscriptions et Belles-Lettres, académie des Sciences, académie des Beaux-Arts, académie des Sciences Morales et Politiques.

Isigny, petit port sur la Manche, à 27 kilomètres O. de Bayeux (Calvados). Il ne faut pas le confondre avec Isigny, près de Morlaix (Manche).

Jacquart (de 1752 à 1834), mécanicien lyonnais, rendit le tissage plus simple, plus rapide et plus salubre. Dans le métier-Jacquart, nous signalerons seulement la navette et les deux pédales. Les deux pédales font monter et descendre tour-à-tour les fils de la chaîne, qui forment deux surfaces planes, inclinées l'une vers l'autre, et c'est dans cet espace angulaire, qui est près du tisserand, que la navette dépose, en passant, le fil de trame. La navette est un petit morceau de bois, long, effilé, très-poli. Au centre, elle est percée d'un trou circulaire pour recevoir une bobine chargée du fil de trame, qui sort par un petit orifice ouvert à l'un des bouts de la navette.

Kilogramme (mille grammes), équivaut à 2 livres et 5/100 environ.

Lacryma-Christi, vignoble au pied du Vésuve, à 8 kilomètres S.-E. de Naples.

Lacydes (de 374 à 215 avant notre ère), philosophe sceptique, dont il ne nous est rien parvenu.

LINNÉE, Suédois (de 1707 à 1778), naturaliste célèbre.

LION (le) d'Athènes était un lion d'airain sur lequel siégeait le fonctionnaire chargé d'emplir les clepshydres dont on se servait dans les jugements pour fixer un temps égal à chacun des orateurs. La clepshydre était une sorte d'horloge où le temps était mesuré par la durée même de l'écoulement du liquide contenu dans ce vase, d'une capacité déterminée.

LOUIS XI, dans les circonstances même les plus graves, ne consultait personne. C'est ce qui fit dire plaisamment que l'âne qui servait de monture à ce prince, était bien fort, puisqu'il portait le Roi et son Conseil

LUCRIN (lac), au N.-O. de Naples, n'est plus aujourd'hui qu'un étang. Le 30 septembre 1538, un tremblement de terre y souleva une montagne de 350 mètres de hauteur, appelée Monte-Nuevo; et c'est ainsi qu'a disparu ce lac qui, communiquant avec la mer, était le grand parc aux huîtres des Romains.

LUCULLUS (de 115 à 49 avant notre ère), après s'être montré un des plus habiles généraux de Rome, se rendit célèbre par la mollesse de ses habitudes et le luxe de ses festins. Il rapporta le cerisier de Cérasonte, aujourd'hui Kéresoun, sur la mer Noire, dans l'eyalet et à l'O. de Trébizonde.

LUNEL, à 24 kilomètres N.-E. de Montpellier; 6,500 habitants.

MACHINE PNEUMATIQUE, pompe à air, destinée à retirer l'air contenu dans un espace déterminé.

MADÈRE, île d'Afrique, colonie portugaise; 150,000 habitants. Par 32° 45' lat. N., 12° 37' long. O. Son nom signifie bois, et lui vint de ce qu'en effet, quand elle fut découverte en 1419, elle n'était qu'une immense forêt. On y mit le feu en 1421, et l'incendie dura sept ans. Fertilisé par cette prodigieuse quantité de cendres, le sol donna d'abord des vendanges exubérantes qui, de nos jours, diminuent de plus en plus.

Magnétisme, force mystérieuse qui détermine divers phénomènes qui ont été appelés magnétiques, parce qu'ils furent entrevus pour la première fois dans l'aimant (en grec Magnès). Le magnétisme n'est probablement qu'une modification de l'électricité.

Mahomet (de 570 à 632), le grand prophète des Musulmans. Contraint, en 622, de se réfugier à Yatreb, cette ville l'accueillit avec transport et reçut de là le nom de Médine (Medinet-al-Nabi, c'est-à-dire ville du prophète).

Malaga, ville et port sur la Méditerranée; 70,000 habitants. Par 36° 43' lat. N., 5° 45' long. O. Ses vignobles produisent un raisin délicieux.

Malléabilité, propriété de s'étendre sous le marteau.

Malvoisie (Nauplie de), ville de la Grèce, sur la petite île de Minoa, à 53 kilomètres S.-E. de Misitra; 6,000 habitants.

Marsala, autrefois Lilybée, à 150 kilomètres S. O. de Palerme.

Maximilien d'Autriche, encore simple archiduc (1492), se rendit maître d'Arras par trahison. Cette ville portait alors pour armoiries ce qu'on appelle en termes de blason *trois rats de sable;* les Espagnols en conçurent l'idée de mettre sur une de ses portes l'inscription suivante : *Quand les Français prendront Arras, les rats mangeront les chats.* Un des Français qui s'emparèrent d'Arras en 1640, se contenta de ne retrancher de l'inscription que la lettre *p.*

Métamorphoses. — La plupart des insectes n'arrivent à leur entier développement qu'en passant par une série de modifications qu'on appelle improprement métamorphoses, car ils ne font que se dépouiller successivement des enveloppes qui cachent leur forme définitive.

MÈTRE, unité de longueur. Il est égal à la dix millionième partie du quart du méridien terrestre ; il équivaut à 3 pieds 11 lignes environ.

MINÉRALOGIE, description raisonnée des minéraux. Elle est une branche de la Géologie, elle en est pour ainsi dire l'alphabet.

MOÏSE (de 1573 à 1453 avant notre ère), le plus grand des historiens, le plus sublime des philosophes et le plus sage des législateurs. Dans une circonstance solennelle, ayant douté un moment de la puissance du Seigneur, il n'eut pas la satisfaction d'entrer dans la Terre-Promise. Il mourut sur le mont Nébo (pays des Moabites, qu'occupa plus tard la tribu de Ruben).

MOLÉCULE, la plus petite particule de matière qu'on puisse imaginer.

MONTEFIASCONE, petite ville à 15 kilomètres N.-O. de Viterbe.

NÉRON (de 37 à 68), empereur romain, d'exécrable mémoire. Il se fit tuer par son secrétaire, en apprenant que le sénat l'avait déclaré ennemi public.

ODESSA, port sur la mer Noire, entre l'embouchure du Dnieper et du Dniester, déclaré port franc en 1802, a cessé de l'être en 1857.

OÏDIUM, petite plante acotylédonée (cryptogame), de la famille des mucédinées. Une de ses espèces forme la moisissure, parasite de la vigne, véritable fléau qui nous est venu d'Angleterre, fait d'autant plus inattendu que l'Angleterre n'a pas de vignobles. Mais cette moisissure s'y est développée dans les serres où l'aristocratie anglaise cultive quelques ceps, et les germes microscopiques de l'oïdium, disséminés par le vent, se sont abattus sur nos plants de Bourgogne et de Bordeaux, sur ceux de l'Espagne, de l'Italie, de la Grèce et de l'Orient. Contre cette maladie de la vigne, l'agent le plus efficace est le soufre qu'on doit répandre sur toutes les parties du cep aux trois époques principales de la période végétative : la floraison, la fructification et la maturation. Pour opérer d'une manière convenable, on se sert d'un soufflet qui, dans un petit compartiment, contient cette poussière fine de soufre, qu'on appelle *fleur de soufre*.

OSTENDE, sur la mer du Nord, à 19 kilomètres O. de Bruges (Belgique).

PARACELSE (de 1493 à 1541), médecin suisse et alchimiste. Il introduisit dans la thérapeutique l'emploi de l'opium et du mercure, mais il croyait à la magie.

PARMENTIER (de 1737 à 1813), agronome, se voua surtout à l'étude et à l'amélioration des substances alimentaires.

PAROS, aujourd'hui Paro, île de l'Archipel, par 47° 3' lat. N., 22° 51' long. E.

PERGAME, aujourd'hui Bergamo, ville de Mysie, a donné son nom au parchemin (*pergamina charta*), dont elle avait de nombreuses fabriques.

PHIDIAS, Athénien (de 498 à 430 avant notre ère), le plus grand statuaire de l'antiquité.

PELLISSSON ou PÉLISSON (de 1624 à 1693), premier commis de Fouquet, surintendant des finances, partagea la disgrâce de son protecteur. Incarcéré durant cinq ans à la Bastille, il y fut distrait par une araignée qu'il avait apprivoisée.

PHYTOLOGIE, description raisonnée des végétaux. L'expression Phytologie signifiant études des plantes, doit être préférée à l'expression Botanique, qui signifie plutôt étude des herbes. Le nom de botanique fut donné par des médecins qui créèrent la science, mais ne s'occupaient guère que des plantes herbacées. L'expression phytologie a de plus pour elle la terminologie, qui donne à cette science un air de famille avec sa sœur, la zoologie.

PLANTE. — Voyez *Végétal*.

PLATON, le plus moral des philosophes grecs (de 428 à 387 avant notre ère), fondateur de l'école si célèbre sous le nom d'*Académie*. (1) Il admettait l'unité et l'éternité de Dieu, ainsi que l'immortalité de l'âme.

POTASSE, oxyde de Potassium, c'est-à-dire combinaison de ce métal avec l'oxygène. C'est un caustique très-énergique ; la chirurgie l'emploie sous le nom de pierre à cautère, pour brûler les chairs. La potasse est la base des savons mous.

PYROMÈTRE, instrument pour mesurer d'une manière approximative les températures excessives, par exemple, la température nécessaire pour cuire la porcelaine, pour fondre le cristal, les émaux. Le plus simple *Pyromètre* consiste en un petit corps de pâte d'alumine, qui se contracte d'autant plus qu'il est soumis à une température plus élevée.

PYTHAGORE, philosophe grec, mais surtout grand mathématicien (de 575 à 509 avant notre ère). Il n'a rien écrit. Il s'abstenait de toute espèce de viande, ainsi que ses disciples, qui avaient en lui une confiance absolue, tenant pour vrai tout ce que *le maître avait dit*.

RÉAUMUR (de 1683 à 1737), physicien, naturaliste et technologiste.

REGNARD (de 1655 à 1709), poète comique qui, par sa

____

(1) Le mot *Académie*, qui rayonne toujours d'un certain éclat, n'a qu'une étymologie fort étrange, il dérive d'Académus, citoyen d'Athènes, auquel avait appartenu le jardin où Platon établit son école.

franche gaîté, se place immédiatement après Molière, le premier de tous les poètes comiques.

RÈGNES. — Cette expression se conserve dans le langage pour désigner les trois groupes considérables que forment les divers corps de la nature. Mais l'Histoire Naturelle ne comprend que les deux règnes organiques (végétal et animal); le règne inorganique (minéral) appartient à la Géologie.

ROLLIN (de 1661 à 1741), professeur célèbre, auteur de plusieurs ouvrages fort estimés, notamment du *Traité des Études*.

ROUISSAGE, opération préparatoire du chanvre et du lin. Après avoir arraché la plante, on en coupe les racines, la tête et les feuilles ; puis on met en bottes les tiges qu'on tient submergées, durant une quinzaine de jours, dans une mare ou dans un ruisseau. Il importe d'arrêter à temps la fermentation putride, afin qu'elle n'altère pas les fibres elles-mêmes qu'elle doit seulement isoler de l'écorce.

SCALIGER (de 1484 à 1558), savant presque universel, mais d'une excessive vanité. Son fils le surpassa sous le rapport littéraire et surtout comme chronologiste et historien.

SELTZ ou Nieder-Selters, village du duché de Nassau, au N.-E. de Wiesbaden, à 41 kilomètres N. de Mayence.

SIDON, aujourd'hui SÉIDE, ville de Syrie, autrefois rivale de Tyr. Son port, sur la Méditerranée, fut comblé vers 1630 par l'émir Fakhr-ed-Dyn, prince des Druses.

SILICE, acide silicique, composé de silicium et d'oxygène.

SIPHON, tube recourbé, dont une branche est plus longue que l'autre.

SOCRATE, un des sept sages de la Grèce (470 à 400 avant notre ère) eut la gloire d'introduire dans la philosophie le dogme de la Providence. Au moment de boire la ciguë, il recommanda d'offrir en son nom un coq à Esculape, dieu de la médecine : il était d'usage à Athènes de faire cette offrande toutes les fois qu'on était guéri d'une maladie grave.

Solubilité, propriété de se liquéfier dans un liquide.

Soude, oxyde de Sodium, c'est-à-dire combinaison de ce métal avec l'oxygène. La soude est la base des savons durs.

Spitzberg, archipel russe dans l'Océan glacial arctique, 77° lat. N., 8° long. E.

Sully (de 1560 à 1641), ministre et ami de Henri IV, qui lui donna le titre de duc. Il se nommait Maximilien de Béthune et prit le nom de la terre de Sully dont il fit l'acquisition. Il fut économe des deniers de l'État et protégea l'agriculture.

Sybarites, habitants de Sybaris, ville de l'antique Italie, étaient cités pour leur luxe excessif et leur extrême mollesse. La ville fut détruite par les Crotoniates, et ses ruines occupent une assez grande étendue sur le Craté (Calabre citérieure).

Tarare, sur le Turdine, à 20 kilom. S.-O. de Villefranche (Rhône) : 9,800 habitants.

Tasse (le), le plus grand poëte de l'Italie moderne (de 1544 à 1595).

Ténacité, propriété de ne pas se rompre par la traction.

Thalès (de 639 à 548 avant notre ère), un des sept *Sages* de la Grèce. Il admettait dans le monde physique un principe moteur, l'esprit, et disait que tout est plein de Dieu. Chez les Grecs le même mot signifiait Sagesse et Savoir. Les sept sages ou savants du VIe siècle avant notre ère furent Thalès, Solon, Bias, Chilon, Cléobule, Pittacus et Périandre ; chacun d'eux avait adopté pour devise une maxime. Celle de Thalès était *connais-toi toi-même*.

Thermomètre, instrument destiné à mesurer la température des corps, c'est-à-dire la chaleur sensible. Il consiste en un tube de verre contenant une colonne de mercure d'un diamètre capillaire. Le mercure se dilate graduellement par l'action de la chaleur ou se contracte par l'action du froid ; il peut ainsi parcourir l'échelle thermométrique, qui a deux points fixes : le point 0 (température de la glace fondante) et le point 100 (température de la vapeur d'eau bouillant sous une pression de 0^m, 76).

TILLAGE ou TEILLAGE. Quand on a retiré de l'eau le chanvre ou le lin qu'on a soumis au rouissage, on dresse les bottes au soleil et à l'air, pour qu'elles sèchent ; alors en tirant les fibres par un bout, elles se détachent jusqu'à l'autre, c'est ce qu'on appelle *tiller* ou *teiller* le chanvre, le lin. Ces fibres sont en dedans de l'écorce, qui se brise. Pour aller plus vite, on peut *serancer*, c'est-à-dire briser la tige sous une lame de bois appelée *mâchoire*. La flexibilité des fils les conserve entiers.

TOKAY ou TOKAI, bourg de Hongrie, sur la Theiss.

VAULRY, village à 12 kilomètres S. de Bellac (Haute-Vienne).

VÉGÉTAL ou PLANTE, être organisé d'une manière inférieure, c'est-à-dire privé d'organes des sens et d'organes du mouvement.

VISAPOUR ou Bedjapour, à 370 kilomètres S.-O. de Bombay (Inde anglaise), jadis surnommée la Palmyre de l'Inde, ne présente guère plus que des ruines.

VOUGEOT, village de l'arrondissement de Beaune (Côte-d'Or), à 6 kilomètres N.-E. de Nuits.

ZENNEQUIN, qui commandait à Cassel les Flamands révoltés, avait érigé devant le camp français un coq de carton, avec l'inscription suivante : *Quand ce coq chanté aura, le roi Cassel conquettera.* Philippe VI répondit à cette bravade par une victoire complète.

ZOOLOGIE, description raisonnée des animaux.

TABLEAU DES TROIS RÈGNES.

MINÉRALOGIE.

Iʳᵉ Classe. LES GAZ.

Premier ordre. — LES GAZ SIMPLES.

Espèces.

Oxygène.
Hydrogène.
Azote.

Second ordre. — LES GAZ COMPOSÉS.

Espèces.

Eau (vapeur d').
Air.
Acide carbonique.
Acide sulfureux.
Acide chlorhydrique (ou *muriatique*).
Acide sulfhydrique (*hydrogène sulfuré*).
Hydrogène carboné (*grison*).

IIᵉ Classe. LES COMBUSTIBLES

Premier ordre. — LES BITUMES.

Espèces.

Naphte.
Pétrole.
Asphalte.

Deuxième ordre. — LES RÉSINES.

Espèces.

Succin.
Résinasphalte.
Elatérite.

Troisième ordre. — LES CHARBONS.

Espèces.

Carbone (diamant).
Graphite.
Houille.
Anthracite.
Lignite.
Tourbe.

Quatrième ordre. — LES SOUFRES.
Espèces.

Soufre.
Sulfure de sélénium.

IIIe Classe. LES MÉTAUX.
Premier ordre. — MÉTAUX NATIFS.
Espèces.

Arsenic.
Tellure.
Antimoine.
Bismuth.
Mercure.
Argent.
Cuivre.
Or.
Palladium.
Platine.

Deuxième ordre. — OSMIURES.
Troisième ordre. — AURURES.
Quatrième ordre. — AMALGAMES.
Cinquième ordre. — TELLURES.
Sixième ordre. — ANTIMONIURES.
Septième ordre. — ARSÉNIURES.
Huitième ordre. — SÉLÉNIURES.
Neuvième ordre. — SULFURES.
Dixième ordre. — IODURES.
Onzième ordre. — CHLORURES.
Douzième ordre. — OXYDES MÉTALLIQUES.

IVe Classe. LES PIERRES.
Premier ordre. — OXYDES NON MÉTALLIQUES.
Espèces.

Silice.
Alumine.

Deuxième ordre. — HYDRATES NON MÉTALLIQUES.
Espèces.

Hydrate d'alumine.
Hydrate de magnésie (*brucite*).

Troisième ordre. — CHLORHYDRATES OU CHLORURES.
Espèces.

Chlorhydrate de soude (chlorure de sodium ou *sel marin*).
Chlorhydrate d'ammoniaque (*sel ammoniac*).

Quatrième ordre. — FLURHYDRATES OU FLUORURES.

Espèces.

Flurhydrate de chaux (*spath fluor*).
Flurhydrate de soude et d'alumine (*chryolithe*).

Cinquième ordre. — SULFATES.
Espèces.

Sulfate de chaux (*karsténite*).
Sulfate de chaux hydraté (*gypse*).
Sulfate de strontiane (*célestine*).
Sulfate de baryte (*barytine*).
Sulfate de soude et de chaux (*glaubérite*).
Sulfate d'alumine et de potasse (*alun*).
Sulfate de plomb.
Sulfate de zinc.
Sulfate de fer (*couperose*).
Sulfate de cuivre.

Sixième ordre. — AZOTATES.
Espèces.

Azotate de potasse (*salpêtre*).
Azotate de soude.

Septième ordre. — PHOSPHATES.
Huitième ordre. — ARSÉNIATES.
Neuvième ordre. — CARBONATES.
Espèces.

Carbonate de chaux (*craie, marbre, pierre lithograghique*).
Carbonate de magnésie.
Carbonate de chaux et de magnésie (*dolomie*).
Carbonate de fer (*fer spathique*).
Carbonates de cuivre { vert (*malachite*). { bleu (*azurite*).

Dixième ordre. — BORATES.
Onzième ordre. — SILICATES.
Espèces.

Silicates d'alumine (*émeraude, grenat lapis, mica, feldspath*).
Silicates fluorurés d'alumine (*topaze*).
Boro-silicates d'alumine (*tourmaline*).

Douzième ordre. — ALUMINATES.
Espèces.

Aluminate de magnésie (*spinelle*).
Aluminate de fer et de magnésie (*pléonaste*).

Treizième   ordre. — TITANATES.
Quatorzième ordre. — TANTALATES.
Quinzième   ordre. — TUNGSTATES.
Seizième   ordre. — MOLYBDATES.
Dix-septième ordre. — VANADATES
Dix-huitième ordre. — CHROMATES.

BOTANIQUE ou PHYTOLOGIE.
Méthode naturelle de Jussieu (1).

		CLASSES.
I. ACOTYLÉDONÉES		1. Acotylédonie.
II. MONOCOTYLÉDONÉES	épigynes..	2. Monoépigynie.
	périgynes.	3. Monopérigynie.
	hypogynes	4. Monohypogynie.
III. DICOTYLÉDONÉES — apétales à étamines	hypogynes	5. Hypostaminie.
	épigynes .	6. Epistaminie.
	périgynes	7. Péristaminie.
monopétales à corolle	hypogyne.	8. Hypocorollie.
	périgyne..	9. Péricorollie.
épicorollie — épigyne		10. Synanthérie.
		11. Corisanthérie.
polypétales à étamines	épigynes..	12. Epipétalie.
	hypogynes	13. Hypopétalie.
	périgynes.	14. Péripétalie.
diclines irrégulières.		15. Diclinie.

	FAMILLES.	ESPÈCES PRINCIPALES (2).
ACOTYLÉDONÉES	Algues.	Varech.
	Champignons.	Bolet, agaric.
	Lichens.	Lichen.
	Fougères.	Capillaire.
	Mousses.	Mousse.
MONOCOTYLÉDONÉES	Cypéracées	Carex, souchet.
	Graminées.	*Froment, seigle, orge, avoine, maïs, riz, canne à sucre*, roseau.
	Asparaginées.	Asperge, muguet, jonc, salseparcille.
	Liliacées.	Lis, tulipe, ail, oignon, échalote, poireau.
	Narcissées.	Narcisse, perce-neige, ananas.
	Iridées.	*Safran*, iris, glaïeul, curcuma, gingembre.
	Orchidées.	Orchis, ophrys, *vanillier*.

(1) Voir la note page 95.

(2) Les espèces citées dans l'ouvrage sont soulignées.

FAMILLES.	ESPÈCES PRINCIPALES.
Aristolochées...	Aristoloches, asaret.
Laurinées.....	Cannellier, camphre.
Polygonées....	*Polygonum*, rumex, patience.
Amarantacées.	Amarante.
Plantaginées...	Plantain.
Primulacées...	Primevère, mouron.
Jasminées.....	Jasmin, *olivier*, lilas.
Labiées.......	Hysope, sauge, romarin, menthe, lavande, thym, mélisse, lierre.
Solanées.....	*Pomme de terre*, *tabac*, belladone, jusquiame.
Boraginées....	Bourrache, héliotrope.
Convolvulacées..	Liseron, belle de nuit.
Campanulacées.	Campanule.
Synanthérées..	Chardon, centaurée, laitue, escarole, topinambour, chicorée, salsifis, artichaut, *carthame*, immortelle, dahlia.
Dipsacées.....	Cardère.
Caprifoliacées..	Chèvre-feuille.
Rubiacées.....	*Café*, *garance*.
Ombellifères..	Carotte, anis, céleri, cerfeuil, persil, panais, angélique, ciguë.
Crucifères.....	*Chou*, moutarde, cresson, *caméline*, navet, radis.
Violacées.....	Violette.
Caryophillées...	Œillet.
Renonculacées..	Renoncule, ellébore.
Géraniacées..	Géranium, capucine, balsamine.— Le *lin* en forme une tribu.
Malvacées.....	Mauve, guimauve, *cacaoyer*, *thé*, *cotonnier*.— La *vigne* en forme une tribu, dont on fait même quelquefois une petite famille sous le nom d'ampélidées.
Rosacées......	Rosier, abricotier, prunier, *pommier*, *poirier*, amandier, cerisier, fraisier.
Légumineuses.	Pois, haricot, lentille, trèfle, luzerne, *indigotier*, sainfoin, acacia, baguenaudier, cytise.
Urticées......	Mûrier, figuier, *poivrier*, *chanvre*, *houblon*, pariétaire, ortie.
Conifères.....	*Pin*, *sapin*, mélèze, cèdre, cyprès, if.
Amentacées...	Saule, peuplier, bouleau, aulne, charme, *châtaignier*, *chêne*, noisetier.

DYCOTYLÉDONÉES.

ZOOLOGIE.

TYPES.	CLASSES.	SOUS-CLASSES.	ORDRES.	FAMILLES ou principaux genres.
I. VERTÉBRÉS.	1. Mammifères	Monodelphes	primates	Singe.
			chéiroptères	Chauve-souris.
			carnassiers	*Chien, chat.*
			rongeurs	*Lièvre, lapin, rat.*
			édentés	Pangolin.
			pachydermes	*Cheval, âne, porc.*
			ruminants	*Bœuf, chèvre, mouton.*
			cétacés	Dauphin, baleine.
		Didelphes		Sarigue.
		Ornithodelphes		Echidné.
	2. Oiseaux		préhenseurs	Perroquet.
			rapaces ou ravisseurs	Faucon.
			grimpeurs	Pic.
			passereaux ou sauteurs	Moineau.
			gallinacés ou marcheurs	*Pigeon, poule, dindon, paon*
			coureurs	Autruche.
			échassiers	Echasse.
			palmipèdes ou nageurs	*Oie, canard.*
	3. Reptiles		chéloniens	*Tortue.*
			sauriens	*Lézard.*
			ophidiens	*Serpent.*
	4. Amphibiens		batraciens	Grenouille.
			pseudosauriens	Protée.
			pseudophidiens	Cécilie.
	5. Poissons (1)		osseux	Saumon.
			cartilagineux	Requin.

(1) Cette division des poissons par Cuvier restera toujours dans la science, comme tant d'autres principes posés par cet éminent naturaliste ; mais, quant aux subdivisions, nous ne pourrions présenter ici celles que nous avons adoptées dans nos leçons, sans les accompagner de détails que ne comporte pas la nature de cet ouvrage.

TYPES.	CLASSES.	ORDRES.	ESPÈCES ou genres principaux.
		coléoptères. . . .	Hanneton.
		orthoptères. . . .	Sauterelle.
		hémiptères. . . .	Cigale.
		névroptères. . . .	Libellule.
	Hexapodes (insectes)	lépidoptères. . .	Papillon, *bombyx à soie*.
		hyménoptères. .	*Abeille*.
		diptères.	Mouche.
		aptères.	Puce.
II. ARTICULÉS.	Octopodes (arachnides). . . .		Araignée.
	Décapodes, Hétéropodes, Tétradecapodes (crustacés).		Ecrevisse. Lernée. Cloporte.
	Myriapodes.		*Iule*.
	Malacopodes, Chétopodes, Apodes (annélides).		Péripate. Néréide. Sangsue.
III. MOLLUSQUES.	céphalopodes.	Les subdivisions de ces classes en ordres exigeraient des détails qui ne peuvent être donnés dans cet ouvrage spécialement destiné à l'histoire naturelle, non dans sa théorie, mais dans ses applications.	Sèche.
	gastéropodes.		Limace.
	ptéropodes.		Clio.
	brachiopodes.		Lingule.
	acéphales.		*Huitre*, moule
	cirrhopodes.		Anatife.
IV. RAYONNÉS.	helminthes.		Ténia.
	echinodermes.		Astérie.
	malacodermes.		Méduse.
	actinies.		Zoanthe.
	polypes.		Eponge.
	infusoires.		Monade.

TABLE.